U0155201

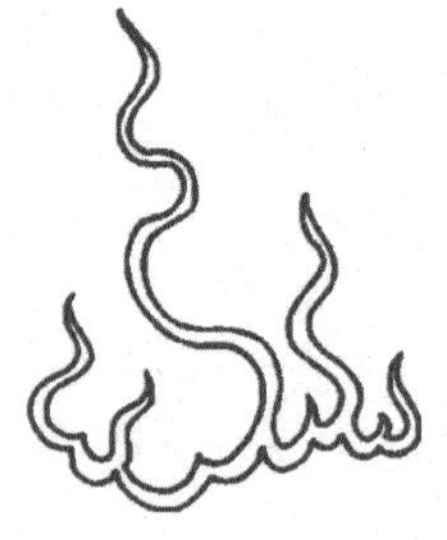

烹饪的魅力在于“以心入味，以手化食，以食悦人，以人悦己”。

卤味·腌泡·烧烤大全

陈志田 主编

北京联合出版公司
Beijing United Publishing Co.,Ltd.

图书在版编目（CIP）数据

卤味·腌泡·烧烤大全 / 陈志田主编．—北京：北京联合出版公司，2014.4（2024.9 重印）

ISBN 978-7-5502-2718-7

Ⅰ．①卤… Ⅱ．①陈… Ⅲ．①卤制－菜谱 ②腌菜－菜谱 ③泡菜－菜谱④烧烤－菜谱 Ⅳ．① TS972.12

中国版本图书馆 CIP 数据核字（2014）第 045818 号

卤味·腌泡·烧烤大全

主　　编：陈志田
责任编辑：丰雪飞
封面设计：韩　立
内文排版：北京东方视点数据技术有限公司

北京联合出版公司出版
（北京市西城区德外大街 83 号楼 9 层　100088）
三河市万龙印装有限公司印刷　新华书店经销
字数 150 千字　787 毫米 ×1092 毫米　1/16　15 印张
2014 年 4 月第 1 版　2024 年 9 月第 4 次印刷
ISBN 978-7-5502-2718-7
定价：68.00 元

前言

中华美食的烹饪技术，历来以历史悠久、营养丰富、变化多样且运用灵活而闻名于世，卤味、泡菜、烧烤便是其中经典代表。

卤味，是指以家畜、家禽的肉和内脏以及水产、野味、蔬菜等为主要原料，通过卤汁进行卤制而做成的菜。卤味的一般做法，是把待制作的原料放入调好的卤汁锅中，先用大火烧开，再改用小火煮，使卤汁中的滋味慢慢地渗透到原料内，然后捞出晾凉，改刀装盘而成。

卤是集香料之大成的食物，而香料市场也一直在改革中，从最开始的纯天然植物，到现在各种不同味型的复合型调味料，不断地推陈出新。不同的调味料也造就了不同的卤汁风味，适合各地百姓的不同口味。不同的流派，虽然使用的卤水用料大致相同，但是因为卤水主料、调料的分量及制作方法不同，使卤水味道有所差异，所以制作出的卤味呈现出“一种食材百样味”的局面。

腌泡的制作工艺历史悠久，流传广泛，是我国精湛的烹饪技术遗产之一。在我国，几乎各个地区的人都会做腌泡菜，甚至很多酒店上菜前，桌上也要先摆几碟腌泡菜供客人开胃。由于腌泡菜制作简单，经济实惠，取食方便，不限时令，利于贮存，能调剂余缺；既本味精香，又可随意拌食，有甜鲜麻辣诸味毕呈的特点，深受广大人民喜爱。几乎家家会做，人人爱吃。

火烹是最原始的烹调方法，火烹最原始的操作方法就是烧烤。烧烤是以燃料加热和干燥空气，并把食物放置于热干空气中一个比较接近热源的位置来加热食物的烹调方法，一般来说，在火上将食物（多为肉类）烹调至可食用即可。烧烤本身也成为了一种多人聚会休闲娱乐的方式。无论是春暖草绿的郊游季节，还是雪花漫天的蜗居时刻，烧烤永远可以是绝佳的备选项之一。

本书绪论部分介绍了卤味、腌泡和烧烤的基础知识以及必须知道的一些烹饪知识，让您在动手前就做好充分准备。

本书精选了四十多款卤味、百款泡菜和五十多款烧烤，每款都配有精美图片、详细文字解说，材料、调料、做法面面俱到，烹饪步骤简便快捷、一目了然，所涉及的食材和工具也贴近生活，能轻易从市场买到，本书会手把手地教你如何利用简单器具，轻松制作出好吃、好看、营养的美食。

参考本书的内容，你能轻松掌握常见的卤味、腌泡和烧烤的制作方法。对于初学者来说，可以从中学习简单的方法，让自己逐步变成烹饪高手；对于已经可以熟练做菜的人来说，则可以从中学习新的方法，为自己的厨艺秀锦上添花。掌握了这些家常菜肴的烹饪技巧，你就不必再为一日三餐吃什么大伤脑筋，也不必再为宴请亲朋感到力不从心——不用去餐厅，在家里就能轻松做出丰盛美食。

烹饪的魅力在于“以心入味，以手化食，以食悦人，以人悦己”。翻开菜谱，让我们一起去寻找记忆中的味道，自己动手，让你与你的家人吃得美味，吃得放心，吃出健康。

畜肉篇

禽肉篇

水产篇

蔬菜篇

家常风味腌泡菜

特色腌泡菜

海外腌泡菜

腌泡菜做出美味菜

4 第4部分 烧烤

第1部分

绪论

卤味概述

卤，就是将原料置于配好的卤汁中煮制，以增加食物香味和色泽的一种热制冷菜的烹饪方法，它也是冷菜制作中使用最广泛的一种烹调方法。

卤味食品的特点

色味俱全，可口宜人

卤汁皆由多种香料配制，不同的卤汁味道自然不同，它们又因不同的卤料而具备不同的味道、色泽，故而色味丰富，可口宜人。

制作简单，易于存放

卤味食品取材于各地的不同材料，遵照一般的制作过程（选料、初加工、生料配制、入锅煮制、出锅冷却、改刀装盘、上桌），可以说是简单至极，没有太多技术含量。而且，卤制品经过卤制过程而变冷，易于存放。

取材广泛，品种多样

卤味取材较广，肉类、蔬菜、海味、野味等，都可入料，因而制出的产品也就多样化了。

卤汁介绍

卤汁的配置，按地域有南、北之别，南卤鲜香微甜，北卤酱香浓郁，分别代表了南北方的口味特色；按调料的颜色分，则有红、白之别，红卤的配方是沸水、酱油、盐、八角、甘草、桂皮、花椒、丁香、姜、葱、冰糖或白糖、绍酒；白卤的配方和红卤相似，只是用盐量略有增加，不加酱油和糖。

北方的卤汁一般为红卤，很多地区在卤汁中添加红曲或糖色来调色，酱油的用量比白卤多，盐的用量比白卤多。有些人配制卤汁时以茶叶、咖喱粉、OK 汁等调料为主，又形成了许多新风味的卤汁。

经过数次使用的卤汁俗称老汤，即老卤。卤制品的风味质量以用老卤者为佳，而老卤又以烹制过多次和多种原料的为佳。如果用多次烹制过鸡肉和猪肉的老汤卤制，卤制品的味道绝佳，故人们常将“百年老汤”视为珍品。

卤味料头的处理

卤水的料头通常是指用于做卤水的香料，也是我们通常所用的大料。制作卤水时，选用合适的料头能让卤汁更美味。

卤水一般由四个组成部分：清水、药材包、调味料、料头。其中，药材包就是装在一起的各种调味香料，其中有许多香料在中医里都可做药用；料头即葱、姜、蒜、芹菜这类有香辛味的蔬菜，它们可以使汤汁味道更加香浓，让人胃口大开。

卤水需要保存下来，并且不断更新、使用才能有好的质量，所以我们一定要了解哪些东西会导致卤水变质。

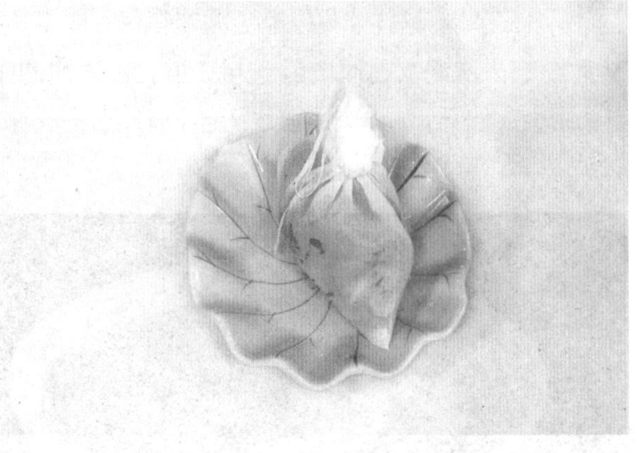

药材包不用质疑，它们大部分都是抗氧食材，本身就具有很好的防腐功能。而卤制品调味料的选择，也可尽量排除一些易于变质的材料，除此之外需要注意的就是料头了。

料头在制作卤水的过程中是必须要放的，就如炒菜一样，姜、葱、蒜会很好地提升菜品的香气。但料头通常水分比较多，材质也软，处理不好就很容易引起卤水变质。

通常使用的料头有：姜、大蒜、芹菜、洋葱、大葱、香菜、独子蒜、红干葱等，其中芹菜与香菜最容易使卤水变质，所以，我们在料头的处理上要注意以

下几点：

（1）首先，料头要清洗干净处理好，切段或压扁后再用独立的一个纱袋将其装好；

（2）用油把处理好的料头稍炸。这个步骤除了增香，还可以排掉一部分水分；

（3）把料头上的叶子尽量去掉，只留梗部，叶子很容易被泡烂；

（4）最关键之处在于，不能把料头停留在卤水中太长时间，一般出味后即从卤锅里拿走，特别是留有叶子的料头。

如何保存卤汁

一般未用完的旧卤汁，只要按原比例加入适量的新卤汁，就能反复使用。而且如果保存得当，味道就会愈陈愈香。这种反复使用的陈年卤汁，就是“老卤”。但是，老卤该如何添加新卤汁，才能使卤味更好呢？如何保存卤汁才不会变质？

精选原料，初步加工

卤汁制作的原材料会直接影响卤汁的质量。因此，制作卤汁之前，要对所有原料进行仔细地挑选和初加工。清洗、切除、焯水、除污、去杂质等，都要一一做好。

保持卤汁的味、色稳定

新卤水出来后不能立即盖上锅盖，如果有个别制品需要加盖的，可分一些卤水到别的锅里处理。卤汁在每次的使用过程中，味道和颜色都会相应地减少和淡化，多次使用则更是如此。所以，为了保持卤汁好的质量，应根据具体使用状况，从色、香、味三方面入手，加入适量的调味品和水，对卤汁进行适量补充。如果某一天发觉卤水的味道变得特别好，那就给卤水“备份”。把卤水烧至刚开，过滤

一遍，然后放凉到常温状态，可用两个瓶子装好放在急冻室里，这就是“老卤”了。

需要保存卤汁时先过滤

老卤汁在卤过食材之后，应该先滤除食材和配料，再仔细捞出卤汁表面的浮沫和油脂，并用纱布过滤，除去杂质。这样才可以避免卤汁在保存时变质，从而影响下次卤食材时的颜色与味道。对浑浊的卤汁，用小火烧开，加入肉或血水清汤，清理后去浮沫，过滤一下。

保存卤汁前先煮沸

卤汁过滤好要先煮沸，冷却至室温再放入冰箱。冷却过程中也要注意，不要加生水或是其他生的食材，以免卤汁容易败坏。也不能接触到油，不能搅动卤水，只需要开盖静放即可。经常使用的卤汁，

可以早晚将卤汁各煮沸一次，放置于阴凉干燥处放凉，以达到保存的目的。不可将卤汤放于地上，因为卤汁会容易坏掉。春、冬季可每天或隔天1次煮沸，夏、秋季每天1次或2次煮沸。再次使用卤水时，要先用勺子顺时针慢慢搅动，然后将其烧到刚开，即调到最小火，不能让其大滚。

正确的贮藏方法

卤水放置的位置要求通风透气，而且旁边不能有火炉，也不能放在忽冷忽热的环境。放置卤水时需要将其架起，保持卤水桶底部空气流通。

若长时间不使用卤汁，可以将卤汁分成多份，放进冷冻库中冰冻起来。等到下次要使用时再退冰，然后增味煮沸即可。置于冰箱冷藏也可以，不过冷藏时间不宜过久，一般可放置2～3天。无论是哪一种保存方法，都记得要盖上锅盖，不要在保存期间搅动卤汁，贮藏时最好改用陶器或瓷器存装，不能用锡、铝、铜等金属器皿。否则卤水会在金属器皿中发生化学反应，影响卤汁质量。盛装卤汁前，要把器皿洗净，晾干，装入后加盖盖好，放在阴凉干燥处，或放在冷库中。罩盖要透气，不可用木盖、铁盖，同时，要防止水汽之类渗入卤汁内。

特殊卤制品要分锅卤

豆类制品是属于酸性的食材，容易使卤汁酸败，所以在卤豆制品时，可以从老卤中分一些卤汁注入另一锅中，单独炖卤豆制品食材，例如豆干、素鸡等。要注意，卤过豆类的卤汁切不可倒回老卤中，不然会使老卤变质，分锅就毫无意义了。另外，腥膻味比较重的食材，如羊肉、牛肉、内脏等，最好也依此方法炖煮。如果是商业化制作卤水，煮汤的汤桶要用加厚型不锈钢桶，不能用铝的。

卤味制作程序

卤味的制作程序：卤前预制、卤中烧煮、卤后出锅三个步骤。想要做出美味的卤菜，这三个步骤缺一不可。

卤前预制

制作卤味时，对不同的材料采取不同的预制方法。

焯（汆）水

所谓焯（汆）水，就是将生鲜原料放进水锅内，加热至半熟或刚熟，捞出再卤制。多数情况下是针对肉类原料进行的预制。

焯（汆）水时，水量要大，冷水下锅，随着水温升高，材料内的异味、血污等慢慢排出。再稍加一些酒、姜等调味料。

腌制

腌制是用盐、硝水、醋、姜、葱等调料，针对有些原料在卤前进行的一道工序。

腌制有盐腌和硝腌。盐腌的主要原料是盐、姜、葱等；硝腌的方法是用硝水和盐、醋、花椒、葱等拌好，倒入肉里，腌制 1 ~ 2 天，再去卤制，此法不如盐腌使用广泛。

硝水的做法为：取干硝 250 克，清水 20 升，红酱油 150 毫升。烧热锅，干硝入锅烧到熔化，随即加清水烧开，再加入酱油，撇去浮沫即成。

卤中烧煮

卤味的烧煮，关键在于掌握好火候。一般做法是开始用猛火，烧开 5 分钟后转中小火，最后至微火，让卤汁始终处于微沸状态。这样，可以使原材料由外至里地卤透，同时也可防止卤过头。

在卤制过程中，要保持原料始终浸在卤汁中，对卤制食品和调料用力翻动，使其受热均匀、卤水浸制到位。

卤后出锅

这是待食品成熟，也就是色、香、味、形均达到要求时，从卤水中捞出的程序。在掌握食品成熟程度时，可用手捏、鼻闻、眼看、筷子扎等方法判定，针对不同食品用不同方法判定，恰到好处地捞出即成。

制作卤味的操作要领

制作卤味时，有一些可供参考的小技巧，掌握这些小技巧，能让卤味制作变得更简单易行。

选用卤锅

卤锅首选砂锅，其次为搪瓷锅。用这样的锅卤制食品，一是散热慢，卤水不易蒸发；二是食品和锅不易发生化学反应，可使食品原汁原味，保证品质。

入锅、出锅时间

对所卤制的食品，应根据其特性、大小等，掌握好入锅和出锅时间。只有这样，成品才能在色、香、味、形等方面恰到好处。

香味判定

卤味食品要以咸鲜为基础，兼顾甜、酸、辣等味。所以，在对食物的卤味进行判定时，要以不同的食品食用特性为基础，根据不同配料、不同季节、不同制作时间等来判定其口味。要用看、尝等方法具体认定，以免口味过淡或过重、缺少应有的风味。

食用方式

卤味食品出锅后要先冷却，晾凉后涂上一层香油，以防变硬、变干、变色和变味，随吃随取。另外，亦可把食品放在原卤水中，自然冷却，用时取之。

卤味食品的基本食用方式一般有五种：

（1）冷后改刀（肉类），或不改刀（其他类）食用。

（2）改刀，浇上原卤汁，或拌以其他调味料食用。

（3）装盘后铺以调味料蘸食。

（4）以成品入油锅，捞起后再改刀食用。

（5）可改刀后配以其他菜，烧炒后食用。

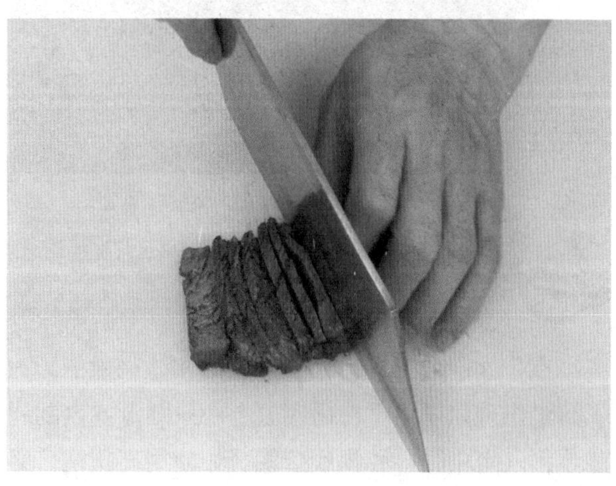

制作卤味的注意事项

卤味在制作中，不管是用老卤水还是新卤水，都有一些注意事项及使用技巧。

食材准备

对形状较大的原料，要进行改刀。如畜类原料须切成 250 ~ 1000 克左右的块状，禽类需剁下爪、翅。

食材处理

对血污、腥膻味较重的原料，需通过刮洗浸泡、腌渍、氽水等方法治净并去除腥味。过油还可以使肉质表面快速收缩，封存内部的营养和鲜味，同时有助于定型。

选择容器

制作卤味的容器，以长颈砂罐和砂锅为佳。为了防止出现焦煳，可在锅底放上一只圆盘或自制的底垫，以阻止原料和锅底接触。如使用高压锅，必须将焖煮的时间缩短至常规的 1/5 ~ 1/4，离火后不可立即拿掉气阀盖，因为制品仍需在汤汁中浸一段时间。一般来说，使用高压锅卤制时间短，但是制品风味略差。

烹煮中途不要揭盖

卤制菜肴时，将原料投入卤水中，用大火烧沸，撇去浮沫后，要用一只圆盘将原料压住，不让原料露于汤汁之上，然后盖紧锅盖，尽量不要漏气，改中小火焖煮，保持汤汁微沸，中途尽量不要揭盖。

食材入锅时间不同

同一种原料，往往由于产地、季节、部位、质地老嫩的不同，加热至成熟所需的时间也有所不同，故在烹制过程中应注意，将多种原料一锅制作时，应先将质地老、难成熟的原料先下锅，尽量使各种原料同时成熟。

保持原料特色

要注意保持原料的特色，如制作盐水黄豆时，必须焖煮至其酥烂；而卤水猪肚则不宜过烂，应保持其一定的韧性；卤制鸡肉应保持其皮脆肉嫩，如卤得时间过长，则鸡皮易破烂，肉发柴，少鲜味。

豆类食品要先烫再卤，如豆干、素鸡等大豆加工品，事先烫后再卤，不但更容易吸收卤汁，卤起来更入味，而且卤汁也不易酸败，有利于保存。

香料要洗净

香料在装入袋中之前，应用温水冲洗干净，尤其是白卤的制品更应注意，否则会影响成品的色泽，使汤汁显得灰暗。葱、姜、蒜等辛香食材，先爆香再放入卤锅中，加入酱料和食材同卤，有增香的作用。

卤汁要合理保存

老卤汁煮好后，要捞出葱段。因为葱段含水分较多，容易造成卤汁变酸，而且葱的香味只在第一次使用时最浓郁，再次煮开就不能增香了，因此卤制煮好立刻捞出，可以让美味的卤汤保存更久。

小火慢卤最合适

将食材放入熬好的卤汁中后，要用小火慢煮，火力太大不见得熟得快，且易导致表面看似熟了，肉仍未完全煮透，或食材还没入味，卤汁就烧干了。

卤制后浸泡味道更好

浸泡分为两种：一种是食材放入卤汁中，短时间滚沸后即关火，利用余温将食材浸泡至熟。另一种是先汆烫至熟，再放入卤汁里浸泡入味，如卤蛋、卤墨鱼等，浸泡的时间比卤煮时间要长。

卤制温度要适当

用热水煮肉类卤味时，水温不可太高，要保持在95℃～98℃，否则肉类会被煮得爆皮或骨肉分离。

卤制品要妥善保存

卤制品多为冷食，故要注意卫生，防止细菌污染，接触制品的手和器皿必须保持干净。制品出锅后，要防止苍蝇、蚊虫等叮爬。

常见的卤味制作方法

卤汁的调配方式有很多种，大部分是以酱油、香料及水煮成卤汁。制作卤味时把需要制作的食材加入到卤汁中卤煮几小时即可。以下列举几种比较常见的卤制方法。

油焖卤法

油焖卤法是用油爆香再进行焖煮，让较硬或不易入味的食材慢慢烧煮入味。

用油焖卤法制作卤味时，食材都需经烫或油炸一下，待热锅爆香香料后，再倒入食材快速翻炒，最后放入卤汁材料，加盖焖烧至汤汁收拢、食材入味为止，味道相当香浓。

烫煮卤法

烫煮卤法用于不需要煮太久的食材，进行短时间的烫煮，可使食材口感鲜嫩香浓，不油不腻。

烫煮卤法可以说是焖煮卤法的另一种表现方式，只需掌握卤汁配方，短时间卤煮，也可做出风味十足的卤味，即使是不宜久煮的蔬菜、海鲜，也能卤出好滋味。

浸泡卤法

食材如果卤煮的时间不长，可以靠长时间浸泡来吸收卤汁的味道，这就是浸泡卤法。

浸泡卤法利用醇厚的卤汁打底，让浸泡出的食材吃起来不油腻，但卤汁要煮沸至香味溢出放凉后，再加入煮熟的食材浸泡入味，因此此法制作卤味所需的浸泡时间较长些，才能使食材完全入味。

烧煮卤法

烧煮卤法的加热时间较长，且卤制食材多为整只或大块的，因此要视材料质地和形状大小，掌握投料顺序。如果数种材料同时卤制，要分批进行投放，小心控制火候，才能卤出滋味醇厚、熟香软嫩的口感。烧煮卤法做出的卤品色泽酱红，咸香入味。

炸卤法

炸卤法做出卤味的口感酥嫩却不软烂，带着卤汁浓郁的滋味，口感筋道，令人回味。

炸卤法先将食材腌透，再用温油炸至金黄色，回锅用卤汁卤至入味即可。或者先卤后炸，既可保持卤味的特色，又能尝到酥脆的口感。

酱卤法

酱卤法是将卤汁和调味料调匀，再加入食材以小火煮，煮至汤汁变浓稠的卤味制作方法。

酱卤法一般选择需要长时间卤煮入味的肉类。将肉类先汆烫，再将食材放入浓稠的酱汁中，以小火慢煮至汤汁逐渐收干，其间应不时翻面，以免酱肉粘住锅底。

冻卤法

冻卤法是将卤好的肉块制成冻状的食品。使用纯猪皮制做的肉冻口感有弹性，使用琼脂粉的冻品口感较紧实。

冻卤法是将食材卤好切成小丁，加入卤汁凝成冻品。凝冻过程中，不可随意搅动。放入冰箱冷藏一夜，制成的冻品口感更清凉爽口。

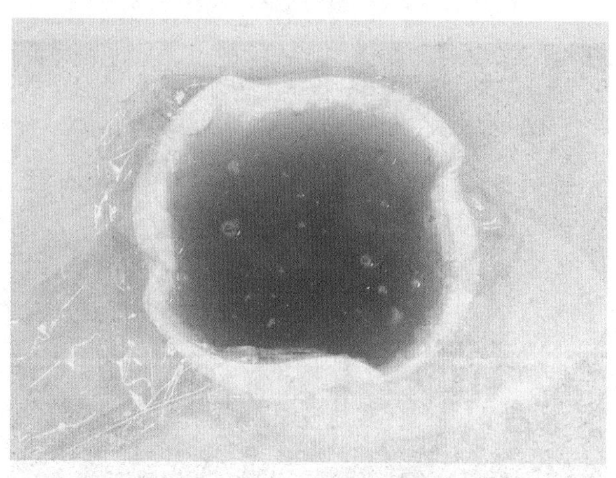

腌泡文化

中国的饮食文化具有几千年的悠久的历史。而腌泡的制作工艺，是我国悠久而精湛的烹饪技术遗产之一。

腌泡菜，古称菹，是指为了利于长时间存放而经过发酵的蔬菜。一般来说，只要是纤维丰富的蔬菜或水果，都可以被制成腌泡菜。

我国最早的诗集《诗经》中有“中田有庐，疆场有瓜是剥是菹，献之皇祖”的诗句。庐和瓜是蔬菜，“剥”和“菹”是腌渍加工的意思。据汉许镇《说文解字》解释“菹菜者，酸菜也”。

《商书·说明》记载有“欲作和羹，尔惟盐梅”，这说明在3100多年前的商代武丁时期，我国劳动人民就能用盐来渍梅烹饪用。由此可见，我国的盐渍菜应早于《诗经》，应起源于3100年前的商周时期。

腌泡历史悠久，流传广泛，几乎家家会做，人人吃，甚至在筵席上也要上几碟腌泡菜。据北魏贾思勰的《齐民要术》一书中，就有制作腌泡菜的叙述，可见至少一千四百多年前，我国就有制作腌泡菜的历史。在清朝，川南、川北民间还将腌泡菜作为嫁妆之一，足见腌泡菜在人民生活中所占地位。

腌泡菜，由于它制作简单，经济实惠，取食方便，不限时令，利于贮存，能调剂余缺；既本味精香，又可随意拌食，甜鲜麻辣诸味毕呈的特点，深受广大人民喜爱。

腌泡不择品种原料的贵贱，如萝卜缨、白菜帮、青菜茎等，甚至不少蔬菜的嫩皮都可物尽其用，这也是腌泡历久不衰，流传广泛的原因之一。

常用的腌泡原料有哪些

腌泡并不是只有常见的白菜、萝卜可以泡制，还有很多品种的蔬菜瓜果可以选择。

根茎类

一般是指茎秆或根为原料的蔬菜，如苤蓝、蒜薹、莴笋等属于茎类，胡萝卜、白萝卜则属于根类。这些食材均以嫩脆、不干缩、表皮光亮者为佳。其中部分品种（如大蒜、姜、葱）还具有芳香辣味。

叶菜类

叶菜类一般是指用菜叶或叶柄为原料的蔬菜，如圆白菜等。它们均以鲜嫩、水分充足和具有该品种正常色泽、无虫咬坏烂的为好。已枯萎、干缩、败色、带虫者属次品。

菜花类

菜花类是指用花作原料的蔬菜，其品种不多，供泡制的有白花菜、黄花菜等，质地以鲜嫩、水分充足、花色正常、无虫咬、烂痕、斑点者为上。

瓜果类

瓜果类是指用菜的果实作为原料的蔬菜。分为茄果与瓜果两类。茄果，如茄子、辣椒等；瓜果则包括各种瓜菜，如冬瓜、苦瓜、黄瓜等，质地以成熟、色鲜艳、有该品种自然香味、无损伤者为优。

其他类

其他用于制作腌泡菜的菜品，如水果、菌类等。它们以鲜嫩、成熟以及无病、虫、伤痕者为佳。

如何选择合适的泡菜原料

好的腌泡当然需要好的原料来制作。但是原料只有新鲜是不够的，以下介绍几点原料的选择条件。

品种当令

各种菜品皆有出新、成熟、衰老期，在它们生长的旺盛时节，不但质地佳美，而且所含营养成分也特别丰富。由于当令菜品具有上述优点，要搞好腌泡菜的制作，就应学会和掌握各种菜品的生长节令、品种区分、质地特点，并善择其上品，用于加工。

注重洗涤

从市场买来的菜品，往往表皮附着泥沙、微生物、菜虫。因此，对用于泡制的菜品应特别注意洗涤。特别是嫩姜、青菜头之类的芽瓣或皮层裂痕、间隙处藏着不少污物，更要认真、耐心地反复清洗，才能洗净。同时，操作中应注意勿损伤菜品；必要时可用刀削去粗皮、伤痕、老茎和挖掉芯瓤后泡制。

肉厚硬健

机体组织较薄的菜品，受盐浸渍渗透，易碎烂成渣；遭病虫害或贮存、运输管理不善而发软变质的菜品，若用于泡制，则风味全失。只有选择肉厚、硬健的菜品，才符合要求。

质地鲜嫩

一般应以当日采摘收获的菜品，及时地加工泡好为好。这样，可以避免因存放过久、菜品的水分丧失、糖分分解，而影响成菜质量。

腌泡食材的洗涤和预处理

好的开始是成功的一半，腌泡菜在制作前的原料处理环节，可是泡制成功的先决条件。

用做腌泡菜的食材多数情况下都会选择蔬菜。

蔬菜的洗涤

蔬菜大多直接来源于土壤，带菌量高，洗涤可以除去其表面泥沙、尘土、微生物 及残留农药。在洗涤时要用符合卫生标准的流动清水。

为了除去农药，在可能的情况下，还可在洗涤水中加入 0.05%~0.1% 高锰酸钾，先浸泡 10 分钟左右（以淹没原料为宜），再用清水洗净原料。

新鲜蔬菜经过充分洗涤后，应进行整理，凡不适用的部分如粗皮、粗筋、须根、老叶以及表皮上的黑斑烂点，均应一一剔除干净。

对蔬菜一般不进行切分，但体形过大者仍以适当切分小块为宜（一定忌用锈刀）。例如：胡萝卜、白萝卜等根菜类切成 5 厘米长、0.5 厘米厚的片；芹菜去叶、去老根，切成 4 厘米长的小段；莴笋削去老皮，斜刀切成 5 厘米长、0.5 厘米厚的薄片；大白菜、圆白菜，去掉外帮老叶和根部，切成 3 厘米见方的块；黄瓜洗净，斜刀切成 0.5 厘米厚的薄片；刀豆、豇豆、菜豆等去掉老筋，洗净，切成 4 厘米长的小段等。然后，将加工好的菜摊放在簸箕内晾晒，其间要适时翻动将水完全晒干。

蔬菜的日晒程度要服从于泡制时间及品种的需要。如萝卜、豇豆、青菜、蒜薹等，洗涤干净后，在阳光下将它们晒至稍蔫，再进行处理、泡制，这样成菜既脆健、味美、不走籽（豆角），久贮也不易变质。又如泡圆白菜等，因其所需时间短，只需在阳光下晾干或沥干洗菜时附着的水分，即可预处理、泡制，这样有利于保持其本味、鲜色。

蔬菜的预处理

菜的预处理就是在蔬菜装坛泡制前，先将蔬菜置于 25% 的食盐水中，或直接用盐进行腌渍。

在盐水的作用下，去掉蔬菜所含的过多水分，渗透部分盐味，以免装坛后降低盐水与泡菜的质量。同时，腌有灭菌之功，可使盐水和泡菜既干净又卫生。

绿叶类蔬菜含有较浓的色素，预处理后可去掉部分色素，这不仅利于它们定色、保色，而且可以消除或减轻对泡菜盐水的影响。

有些蔬菜，如莴苣、圆白菜、红萝卜等，含苦涩、土臭等异味，经预处理可基本上将异味除去。

蔬菜由于四季生长条件、品类和可食部分不同，质地上也存在差别。因此，选料及掌握好预处理的时间、咸度，对泡菜的质量影响极大。如青菜头、莴笋、圆白菜等，细嫩脆健、含水量高、盐易渗透；同时这类蔬菜通常仅适合边泡边吃，不宜久贮。所以在预处理时咸度应稍低一些。而辣椒、芋艿、圆葱等，用于泡制的一般质地偏老，其含水量低，受盐渗透和泡成均较缓慢；加之此类品种又适合长期贮存，故预处理时咸度稍高一些。当然，也可以依据个人的口味，在不影响泡菜制作的基础上，酌量增减盐分，做出最符合自己口味的腌泡菜。

腌泡盐水的配制及分类

腌泡菜的制作看似简单，却有许多细节是需要注意的。比如所有腌泡菜都需要的一个制作环节：泡盐水。

井水和泉水是含矿物质较多的硬水，因其可以保持腌泡菜成品的脆性，用以配制泡菜盐水，效果最好。硬度较大的自来水亦可使用。经处理后的软水不宜用来配置盐水，塘水、湖水及田水不可用。

要是为了增强腌泡菜的脆性，可以在配置盐水时酌加少量的钙盐，如氯化钙按 0.05% 的比例加入，其他如碳酸钙、硫酸钙和磷酸钙均可使用。如果像生石灰，可按 0.2%~0.3% 的比例配成溶液先浸泡原料，原料经短时间浸泡取出清洗后再用盐水泡制，亦可有效地增加其脆性。

食盐宜选用品质良好，含苦味物质如硫酸镁、硫酸钠及氯化镁等极少，而氯化钠含量至少在 95% 以上者为佳。

我们常用的食盐有海盐、岩盐、井盐。最宜制作泡菜的是井盐，其次为岩盐。目前，市面上销售的食盐均可用来制作腌泡菜。

腌泡菜盐水的含盐量因不同地区和不同的腌泡菜种类而异，从 5%~28% 不等。通常的情况是，按自己的习惯口味定。腌泡菜盐水的制作方法相差也很大，四川腌泡菜的盐水制作十分精细，而其他地区相比之下则不大考究，这也是形成风格迥然不同的腌泡菜谱系的重要因素之一。

从严格意义上讲，腌泡菜盐水是指蔬菜经预处理后，用来腌泡制蔬菜的盐水。但许多家庭制作腌泡菜时，省去了预处理这道工序，将蔬菜洗净沥干直接浸泡到盐水中。腌泡菜盐水又分为“洗澡盐水”“新盐水”“老盐水”“新老混合盐水”。

洗澡盐水

洗澡盐水是指需要边泡边吃的蔬菜使用的盐水。它的配置比例（重量）是：冷却的沸水 100 克，加井盐 28 克，再掺入老盐水并使其在新液中占 25%~30% 的体积以调味，并根据所泡的蔬菜酌加作料、香料。

新盐水

新盐水是指新配制的盐水。其比例（重量）是：冷却的沸水 100 克，加井盐 25 克，再掺入老盐水并使其在新液中占 20%~30% 的体积，并根据所泡的蔬菜酌加作料、香料。

老盐水

老盐水是指两年以上的泡菜盐水。将其与新盐水配合又称母子盐水。该盐水内应常泡一些蒜苗秆、辣椒、陈年青菜与萝卜等，并酌加香料、作料，使其色、香、味俱佳。但由于配制、管理诸方面的原因，老盐水质量也有优劣之别。色、香、味均佳者为一等老盐水；曾一度轻微变质，但尚

未影响盐水的色香味，经补救而变好者为二等老盐水；不同类型、等级的盐水掺和在一起者为三等老盐水。

用于接种的盐水，一般宜取一等老盐水或人工接种乳酸菌或加入品质良好的酒曲。含糖分较少的原料还可以加入少量的葡萄糖以加快乳酸发酵。

新老混合盐水

新老混合盐水是将新、老盐水按各占 50% 的比例混合而成的盐水。

一些家庭开始制作泡菜时，可能找不到老盐水或者乳酸菌。在这种情况下仍可按要求配制新盐水制作泡菜，只是头几次泡菜的口味较差，随着时间推移和精心调整，泡菜盐水将会达到满意的要求。

制作腌泡菜巧用调味配料

腌泡菜的制作不仅仅是加盐水就可以了，人们根据各自的喜好，还可以加入不同的调料，以搭配出属于自己的腌泡菜。

想制作风味不同的美味腌泡菜，除了变换原料，当然少不了配料的帮忙，在泡制过程中加入不同调料，有增香味、除异味、去腥味的功效。一般来说，泡菜常用的配料包括：盐、糖、酱油、醋、小茴香、花椒、胡椒、五香粉、辣椒、生姜、大蒜等，当然配料也可以根据各地不同的口味来适当添加，北京人喜欢荤味，可加些花椒、大蒜和姜；四川、湖南等地人喜辣，可稍加些辣椒；上海、广东人爱吃甜食，可多加些糖。

糖

糖是制作腌泡菜过程中不可缺少的调味品之一。常用的有白糖和红糖。

白糖有助于提高机体对钙的吸收；红糖具有益气、缓中、助脾化食、补血破瘀等功效。

在泡制过程中，糖通过扩散的作用渗入腌渍原料组织内部，使菜内水分活力大为下降，渗透压增加，致使微生物产生脱水作用，所以糖既可以起到脱水的作用，又可以起到调剂口味的作用。初次制作腌泡菜时，可适当多加些糖，可以加速发酵、增加乳酸、缩短腌泡菜的制作时间。

酱油（酱）

酱油（酱）中含有一定量的食盐、糖、氨基酸等物质，因而不仅能赋予制品鲜味，还能增强制品的防腐能力。

在腌泡过程中常常会用到乏酱油（乏酱），就是指泡制过一次蔬菜的陈年酱油（酱汁）。

醋

醋除含有醋酸外，还含有其他挥发性和不挥发性的有机酸、糖类和氨基酸等物质。因此，它不仅具有相当强的防腐能力，而且能使制品产生芳香美味。在第一次使用的泡菜汁中，加入适量醋，可以抑制发酵初期有害微生物的繁殖，使乳酸发酵正常进行。

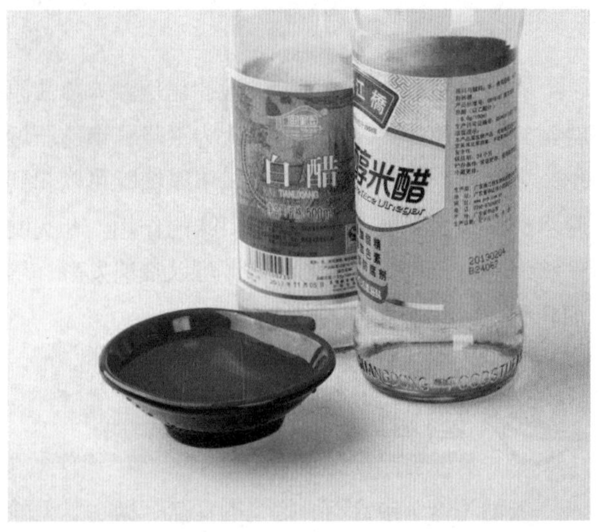

茴香

茴香有大茴香和小茴香之分，都是常用的调料。大茴香也称八角、大料，具有芳香辛辣味，多用于作香辛料。

小茴香也称茴香，性味与大茴香相似，有香味而微苦，适用于作调味品。

大茴香和小茴香所含的成分都有茴香油，能刺激胃肠神经血管，促进消化液分泌，增强胃肠蠕动，排除积存的气体，所以有健胃、行气的功效。

花椒

花椒为芸香科植物花椒的果皮，又叫川椒。其果壳味辛性烈，能散寒、理气、杀菌、消毒，可供药用，治胃腹冷痛，呕吐、泻痢等，对慢性胃炎有疗效。花椒是常用调味香料，其球形果皮中含有大量的芳香油和花椒素成分，使花椒具有一种特殊的香味和麻辣味，能健胃和促进食欲，多作调味品使用。

胡椒

胡椒为胡椒科植物的果实。果实小，珠形，成熟时红色，干后变黑，有白胡椒和黑胡椒之分，可作为调味的香料。入中药温中，祛寒，有健胃的功能。胡椒的果实和种子均含有大量的胡椒碱和芳香油，是形成胡椒特异辛辣味和清香味的成分。

五香粉

五香粉是用几种调味品配制而成的。由于各地人们口味不同，因而在地区之间、作坊之间在制五香粉时，所用的香料品种有多有少，各种调味品在五香粉中所占比例也不相同。

辣椒、生姜

辣椒和生姜都含有相当多的芳香油，芳香油中有些成分具有一定的杀菌能力和防腐作用。辣椒中的辣椒素除了强烈的辣味外，还有较强的抑菌、杀菌能力。生姜在嫩芽或老的茎中都含有2%左右的香精油，其中姜酮和姜酚是辛辣味的主要成分，具有一定的防腐作用。

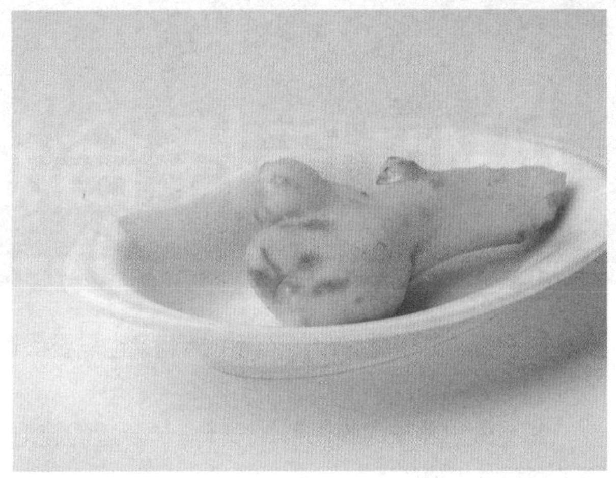

大蒜

大蒜在蔬菜腌制过程中，也具有广泛的用途。既可以作为腌制品的主体原料，又可作为辅料添加到腌制品中去。大蒜具有很强的杀菌能力，因而可以作为蔬菜腌制中的防腐剂和调味品。

香料包

可以自己动手将调料制成香料包，一般包括：白菌、排草、八角、三奈、草果、花椒、胡椒等。除上述调料外，还有诸如小茴香、丁香、肉桂、橘皮等均可用来制作腌泡菜,随不同地区的口味而异。通常家庭购买香料不一定齐全，这并不影响泡菜制作，只是风味有变化而已。

如何选择合适的腌泡容器

俗话说“好马配好鞍”，好的腌泡菜也需要最适合的容器，才能发挥出它最美好的味道。

想要做出美味的腌泡菜，选择一个合适的腌泡坛子是非常重要的。

腌泡坛，又名水坛子，是我国大部分地区制作腌泡菜必不可少的容器。腌泡坛子既能抗酸、抗碱、抗盐，又能密封，隔离空气，有利于乳酸菌的活动，可防止外界杂菌的侵害。传统的腌泡坛子是用陶土烧成的，口小肚大，在距坛口边缘约 6~16 厘米处设有一圈水槽，称之为坛沿。

腌泡坛子的大小规格不一，形式也较多。最小的只可容纳几公斤，最大的则可容纳数十公斤之多。

一般来讲，家庭制作腌泡菜，宜选用小腌泡坛，泡一种菜吃一种菜，以便保存菜品各自的风味。但若是制作什锦泡菜，也可根据家庭需要选用大的腌泡坛。

腌泡坛本身质地好坏对腌泡菜与腌泡菜盐水有直接影响，故用于腌泡的坛子应经过严格检验，其优劣的区分方法如下：

①观型体。腌泡坛以火候好、釉质好、无砂眼、形体美观的为佳。

②看内壁。将坛压在水内，看内壁，以无砂眼、无裂纹、无渗水现象的为佳。

③视吸水。坛沿掺入清水一半，用废纸一卷，点燃后放入坛内，盖上坛盖，能把沿内水吸干（从坛沿吸入坛盖内壁）的腌泡坛质量较好，反之则差。

④听声音。用手击坛，听其声，钢音的质量则好，空响、砂响、音破的质次。

按照上述方法，严格选择符合要求的坛子，按腌泡要求泡出的菜一般质量较好。

此外，根据家庭取材条件，玻璃罐、土陶缸、罐头瓶、木桶等，也可用来腌泡菜，但必须注意加盖，保持洁净。这类容器，最好用来腌泡制立即食用的菜，若要长期贮存，还需要进行杀菌等处理。

挑选好容器后，应盛满清水，放置几天，然后将其冲洗干净，用布抹干内壁水分备用。

蔬菜的装坛方法

腌泡菜的保存方式决定了腌泡菜的色泽、味道等因素。因此，不同的腌泡菜要选择不同的装坛保存方式。

蔬菜品种和泡制、贮存时间不同的需要，大致分为干装坛、间隔装坛、盐水装坛三种。

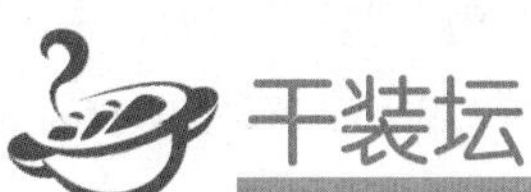

干装坛

某些蔬菜，因本身泡制时间较长（如泡辣椒类），适合干装坛。

方法是：将腌泡坛洗净、拭干；把所要泡制的蔬菜装至半坛，放上香料包，接着再装至八成满。用篾片卡紧；作料放入盐水内搅匀后，徐徐灌入坛中，待盐水淹过原料后，盖上坛盖，用清凉水注满坛沿。

间隔装坛

为了使作料的味道被充分吸收，提高腌泡菜的质量，宜采用间隔装坛。

方法是：将腌泡坛洗净、拭干；把所要泡制的蔬菜与需用的作料（干红辣椒、小红辣椒等）间隔装至半坛，放上香料包，接着再装至九成满，用篾片卡紧；将其余作料放入盐水内搅匀后，徐徐灌入坛中，待淹过原料后，盖上坛盖，用清凉水注满坛沿。

盐水装坛

根茎类（如萝卜、大葱等）蔬菜，在泡制时能自行沉没，所以，可直接将它们放入预先装好腌泡菜盐水的坛内。

方法是：将坛洗净、拭干；注入盐水，放作料入坛内搅匀后，装入所泡蔬菜至半坛时，放上香料包，接着再装至九成满（盐水应淹过原料），随即盖上，用清凉水注满坛沿。

概括来说，装坛必须注意以下四点：

一是视蔬菜品种、季节、品味、食法贮存期长短和其他具体需要调配盐水，既要按比例，又要灵活应变。

二是严格做好操作者个人、用具和盛器的清洁卫生，其中特别是腌泡坛内、外的清洁卫生。

三是蔬菜入坛泡制时，放置应有次序，切忌装得过满，坛中一定要留下空隙，以备盐水溢出。

四是盐水必须淹过所泡原料，以免原料氧化而败味变质。

腌泡菜的食用艺术

腌泡菜的食用方法可区分为：本味和味的变化两类。若细分则为：本味、拌食、烹食、改味四种。

本味

一般说来，泡什么味就吃什么味，这是最基本的食用方法。如甜椒取咸香酸甜味，子姜取微辣味。

拌食

在保持腌泡菜本味的基础上，视菜品自身特性或客观需要，再酌加调味品拌之。这种食法也较常用。但拌食的好坏，关键在于所加调味品是否恰当。如泡牛角椒，它已具有辛辣的特性，就不宜再加红油、葱、花椒等拌食；而泡萝卜、泡青菜头加红油、花椒末等，其风味则又别具一格。

烹食

按需要将腌泡菜经刀工处置后烹食，这只适用于部分品种，并有素烹、荤烹之别。如泡萝卜、泡豇豆等，既可同干红辣椒、花椒、蒜薹炝炒，又可与肉类合烹。而泡菜鱼、泡菜鸭、酸菜鸡丝汤等更是脍炙人口。

改味

将已制成的腌泡菜，放入另一种味的盐水内，使其具有所需复合味。此属应急之法，特殊情况才可使用，但由于加工时间短促，效果远不及直接泡制的好。

腌泡菜的营养价值

腌泡菜是由新鲜的蔬菜瓜果精制而成的，所以泡菜除了美味，还有养生的作用。

腌菜是在蔬菜主料中加入各种调味料、酱类，在低温下经乳酸菌发酵而成的既营养又卫生的蔬菜制品。

在制作腌泡菜的主料蔬菜中，含有钙、铜、磷、铁、盐等丰富的无机物，促进维生素 C 和对以米饭为主食的人尤为重要的维生素 B 的吸收。

腌泡菜在发酵过程中产生乳酸菌，乳酸菌能有效地抑制有害菌，抑制腐败性微生物的发酵。乳酸菌不仅使泡菜更具美味，还能抑制肠内的其他菌不正常地发酵。

调节身体机能

腌泡菜有助于成人病的预防，对肥胖、高血压、糖尿病、消化系统癌症的预防也有效果。

净肠作用

在腌泡菜中使用的主材料含有许多水分，又因蔬菜类的液汁和食盐等物的复合作用，及乳酸菌具有抑制肠内有害菌繁殖的双重效果，食用泡菜能有效地净化肠胃。

有助消化

泡菜可促进胃肠内的蛋白质分解酶——胃蛋白酶的分泌，并使肠内微生物的分布趋于正常化，有助于消化。蔬菜中含有的丰富纤维，能预防便秘和肠炎、结肠炎等各种疾病。

此外，腌泡菜还能预防过分摄取肉类或酸性食品时，因血液的酸性化导致的酸中毒。

烧烤食材处理与制作工艺

不同的烧烤食材，当然需要不同的挑选方法以及正确的调味、烧烤方式，只有如此，才能烤出色、香、味俱全的食物。

食材事先处理

食材的处理工作最好提前做好，处理的方式是：蔬菜洗净，切好，分装到保鲜盒或者保鲜袋中；需要解冻的肉食，最好前一天就先放在冷藏室解冻，需要串起来烤的肉串，最好也在烧烤前先动手串好；自制的烧烤酱料可以先进行调配，如此使用起来更方便。

腌渍的黄金时间

调味方式是不可忽视的一环，一般来说，市场上销售的烤肉酱口味偏重，因此在使用前可以根据个人口味进行稀释。

此外，事先将生肉类食材进行腌渍，可以使酱料更好地入味。适当地调味腌渍有助于提高肉质的鲜美度，吃起来口感不会淡而无味，例如整只的鸡腿、鸡翅，因为不易入味，可以事先在食材上划几刀，再涂酱料腌渍。一般来说，想要品尝到鲜美的肉汁，那么应注意，腌渍时间不要太久，最好是在烤肉前3小时进行腌渍，这样材料才不会因为长时间与酱料接触而破坏了原有的口味。需要注意的是，酱料的份量不要太重，吃得过咸会给身体带来很大的负担。

肉片的厚薄也会影响到烧烤的口味，肉片的厚薄应该从实际需要出发，腌渍时只需在单面涂酱即可。

火候是美味的秘诀

烧烤要好吃，还有一个关键点是火候要适宜，让食材受热均匀。烧烤过程中，除了需要急速封住血水的羊排、牛排外，炭火都不易过大，只需一般中火即可。烧烤过程中最好不要让油脂滴到火上，以免产生烟雾，最保险的方法就是用铝箔纸来隔绝油脂的滴落。

不同的食材，烤熟的时间也不同。茭白、玉米等耗时比较长，在烧烤前可以用铝箔纸包起来，与腌渍好的鸡腿一起放在烧烤架上，用小火慢慢烤；火力相对较大的地方，可以用来烤现吃的肉片、海鲜类。

烧烤过程中应充分利用烧烤架的不同火力分区，在最短的时间内品尝到刚出炉的鲜美烧烤。

掌握食材特性

不同的食材，所需要的烧烤时间也不一样，因此，如果把需要耗时较长的食材和一烤即熟的食材放在一起烤，自然不会烤出好的口感。如果必须要把这两种食材放在一起烤，就必须对食材做相应的处理，把耗时较长的食材或切薄片、小块，或事先汆熟，或煎至半熟，之后再跟易熟的食物放在一起烤。

此外，大块的肉一定不要烤至全熟，烤至九成熟离火即可，然后放上几分钟，让外部的热量向内部传递，内部的肉就会慢慢变成全熟，这样吃起来会更嫩。如果是薄片的肉，最好用快火烧烤，这样吃起来的口感才会最好。

第2部分

卤味

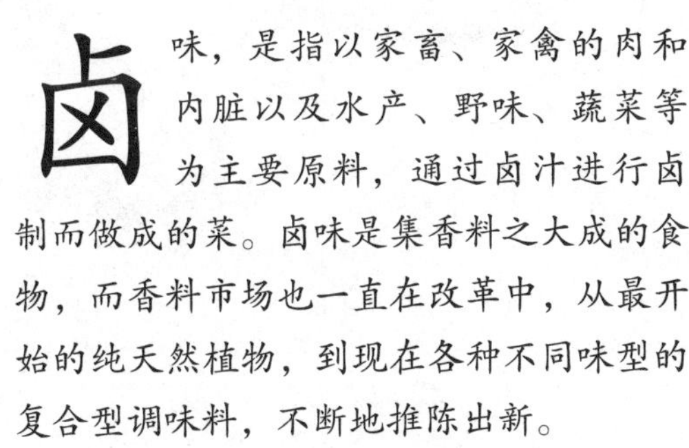

卤味，是指以家畜、家禽的肉和内脏以及水产、野味、蔬菜等为主要原料，通过卤汁进行卤制而做成的菜。卤味是集香料之大成的食物，而香料市场也一直在改革中，从最开始的纯天然植物，到现在各种不同味型的复合型调味料，不断地推陈出新。

今天，卤味又有了更具创意的制作方法。卤味的原料已不局限于传统的肉类、海鲜类，更添加了豆类、菌类、蔬菜类等一系列食材的新鲜做法，凡是你可以想到的食材，都可以用来卤。

畜肉篇

卤五花肉

制作指导 制作卤水时，要一次将水加足，中途加水不仅会影响卤水的色泽，而且也会使卤水的香味大减，影响口感。

营养分析 五花肉营养丰富，含有丰富的蛋白质、脂肪、维生素、钙等营养成分，具有补肾养血、滋阴润燥等功效，病后体弱、产后血虚者，可用之作营养滋补之品。五花肉肥瘦相间，卤过之后肥而不腻，口感绝佳，营养均衡，是老少皆宜的一道美食。

咸

材料 五花肉1000克，猪骨300克，老鸡肉300克，香料包（草果15克，白蔻10克，小茴香2克，红曲米10克，香茅5克，甘草5克，桂皮6克，八角10克，砂仁6克，干沙姜15克，芫荽5克，丁香3克，罗汉果10克，花椒5克，隔渣袋1个），葱结15克，蒜头10克，肥肉50克，红葱头20克，香菜15克。

调料 盐30克，生抽20毫升，老抽20毫升，鸡粉10克，白糖、食用油各适量。

做法

①锅中加入适量清水，放入洗净的猪骨、鸡肉。

②用小火熬煮约1小时。

③捞出鸡肉和猪骨，余下的汤料即成上汤。

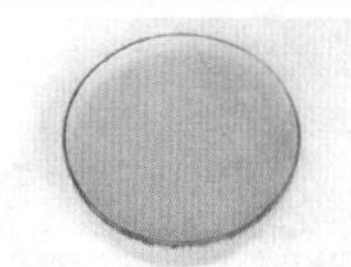

④把熬好的上汤盛入容器中备用。

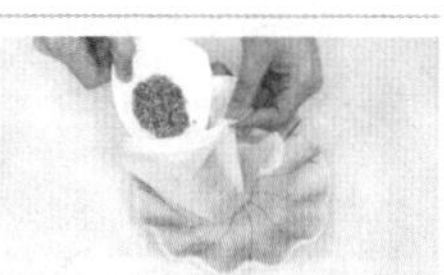

⑤把隔渣袋打开，放入香料包中要用到的香料。

⑥依次放入香料后，扎紧袋口。

⑦炒锅烧热注油，放入肥肉，用中火煎至出油。

⑧倒入蒜头、红葱头、葱结、香菜，大火爆香。

⑨放入白糖，翻炒至白糖熔化。

⑩倒入备好的上汤，大火煮沸。

⑪取下盖子，放入香料袋。

⑫盖上盖，转中火煮沸。

⑬揭盖，加入盐、生抽、老抽、鸡粉。

⑭拌匀入味。

⑮再盖上锅盖，转小火煮大约30分钟。

⑯取下锅盖，挑去葱结、香菜。

⑰即成精卤水。

⑱卤水用大火烧开，放入洗净的五花肉，拌匀。

⑲盖上盖，用小火卤制约30分钟至熟透。

⑳关火，揭开盖，拌匀入味。

㉑取出卤熟的五花肉。

㉒放入盘中，晾凉。

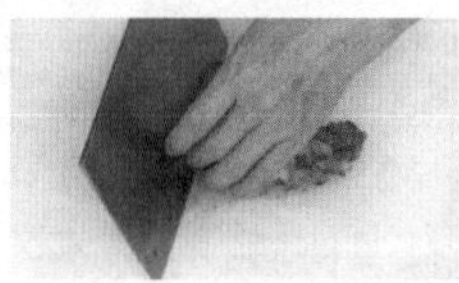

㉓用斜刀切成薄片。

㉔摆放入盘中。

㉕淋上少许卤汁即成。

卤猪皮

制作指导 卤好的猪皮淋上少许香油，可增加猪皮的香味，食用起来风味更佳。

营养分析 猪皮含有大量的胶原蛋白质，遇热后可转化成明胶。这种明胶能增强细胞生理代谢，有效改善机体生理功能和皮肤组织细胞的储水功能，使细胞得到滋润，保持湿润状态，防止皮肤过早褶皱，延缓皮肤的衰老。

材料 猪皮300克，猪骨300克，老鸡肉300克，草果15克，白蔻10克，小茴香2克，红曲米10克，香茅5克，甘草5克，桂皮6克，八角10克，砂仁6克，干沙姜15克，芫荽子5克，丁香3克，罗汉果10克，花椒5克，葱结15克，蒜头10克，肥肉50克，红葱头20克，香菜15克，隔渣袋1个。

调料 盐30克，生抽20毫升，老抽20毫升，鸡粉10克，白糖少许，食用油适量。

做法

①锅中加入适量清水，放入洗净的猪骨、鸡肉。

②盖上盖，用大火烧热，煮至沸腾。

③揭开盖，捞去汤中浮沫。

④再盖好盖，转用小火熬煮约1小时。

⑤捞出鸡肉和猪骨，余下的汤料即成上汤。

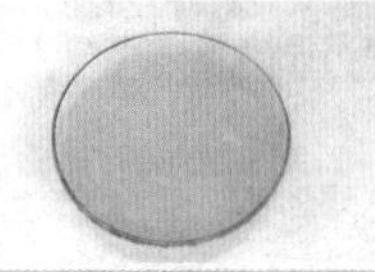

⑥把熬好的上汤盛入容器中备用。

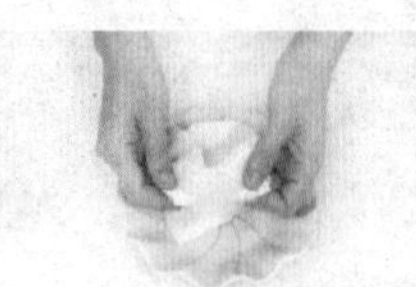

⑦把隔渣袋平放在盘中。

⑧放入香茅、甘草、桂皮、八角、砂仁、干沙姜、芫荽子。

⑨再倒入草果、红曲米、小茴香、白蔻、丁香、罗汉果。

⑩放入花椒，收紧袋口，扎严实，制成香料袋。

⑪炒锅烧热，注油，放入肥肉，用中火煎至出油。

⑫倒入蒜头、红葱头、葱结、香菜，大火爆香。

⑬放入白糖，翻炒至白糖熔化。

⑭倒入备好的上汤，大火煮沸。

⑮取下盖子，放入香料袋。

⑯盖上盖，转中火煮沸。

⑰揭盖，加入盐、生抽、老抽、鸡粉拌匀入味。

⑱再盖上锅盖，转小火煮大约30分钟。

⑲取下锅盖，挑去葱结、香菜，即成精卤水。

⑳卤水锅置于旺火上，煮沸后放入洗净的猪皮。

㉑盖上锅盖。

㉒用小火卤约20分钟至入味。

㉓取下锅盖，捞出卤好的猪皮，沥干卤汁。

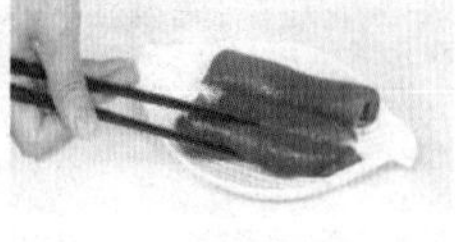

㉔盛入盘中。

㉕摆好盘即可。

酱卤猪脚

制作指导 南乳不宜放太多，以免掩盖猪脚本身的鲜味。

营养分析 猪脚性平，味甘、咸，含有丰富的蛋白质及脂肪、碳水化合物、钙、磷、铁等成分，具有补虚强身、滋阴润燥、丰肌泽肤的作用。凡病后体弱、产后血虚、面黄羸瘦者，皆可用之作营养滋补之品。

咸

材料 猪脚200克，猪骨300克，老鸡肉300克，蒜末15克，香料包（草果15克，白蔻10克，小茴香2克，红曲米10克，香茅5克，甘草5克，桂皮6克，八角10克，砂仁6克，干沙姜15克，芫荽子5克，丁香3克，罗汉果10克，花椒5克，隔渣袋1个），葱结15克，蒜头10克，肥肉50克，红葱头20克，香菜15克。

调料 盐33克，生抽20毫升，老抽20毫升，南乳15克，鸡粉10克，蚝油5克，白糖、食用油各适量。

做法

①锅中加入适量清水，放入洗净的猪骨、鸡肉。

②盖上盖，用大火烧热，煮至沸腾。

③揭开盖，捞去汤中浮沫。

④再盖好盖，转用小火熬煮约1小时。

⑤捞出鸡肉和猪骨，余下的汤料即成上汤。

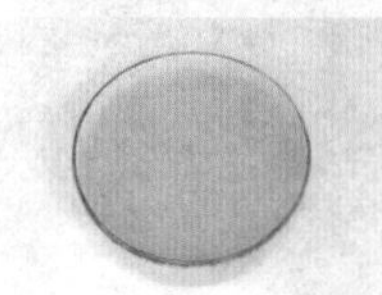

⑥把熬好的上汤盛入容器中备用。

⑦把隔渣袋打开，放入香料包中要用到的香料。

⑧依次放入香料后，扎紧袋口。

⑨炒锅注油烧热，放入洗净的肥肉煎至出油。

⑩倒入蒜头、红葱头、葱结、香菜，大火爆香。

⑪放入白糖，翻炒至白糖熔化。

⑫倒入备好的上汤，大火煮沸。

⑬取下盖子，放入香料袋。

⑭盖上盖子，转中火煮沸。

⑮加入盐、生抽、老抽、鸡粉拌匀入味。

⑯再盖上锅盖，转小火煮约30分钟。

⑰取下锅盖，挑去葱结、香菜，即成精卤水。

⑱把猪脚放入煮沸的卤水锅中。

⑲盖上盖，小火卤煮20分钟。

⑳揭盖，把卤好的猪脚取出备用。

㉑用油起锅，倒入蒜末、南乳，炒香。

㉒加入少许清水，拌匀。

㉓加入少许盐、蚝油，拌匀。

㉔放入猪脚，拌炒匀。

㉕将猪脚盛出装盘即可。

卤水猪尾

制作指导 卤制猪尾前，先把清理干净的猪尾汆熟，这样可以缩短卤制猪尾的时间。

营养分析 猪尾含有丰富的蛋白质，主要成分是胶原蛋白质，是皮肤组织不可缺少的营养成分，可以改善皮肤、丰胸美容。此外，猪尾还有补阴益髓的功效，可改善腰酸背痛症状，预防骨质疏松。

材料 猪尾300克，猪骨300克，老鸡肉300克，草果15克，白蔻10克，小茴香2克，红曲米10克，香茅5克，甘草5克，桂皮6克，八角10克，砂仁6克，干沙姜15克，芫荽子5克，丁香3克，罗汉果10克，花椒5克，葱结15克，蒜头10克，肥肉50克，红葱头20克，香菜15克，隔渣袋1个。

调料 盐30克，生抽20毫升，老抽20毫升，鸡粉10克，白糖、食用油各适量。

做法

①锅中加入适量清水，放入洗净的猪骨、鸡肉。

②盖上盖，用大火烧热，煮至沸腾。

③揭开盖，捞去汤中浮沫。

④再盖好盖，转用小火熬煮大约1小时。

⑤捞出鸡肉和猪骨，余下的汤料即成上汤。

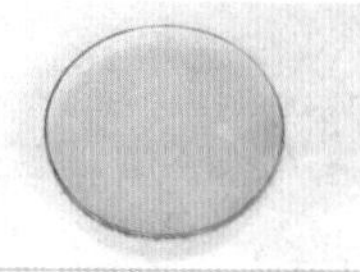

⑥把熬好的上汤盛入容器中备用。

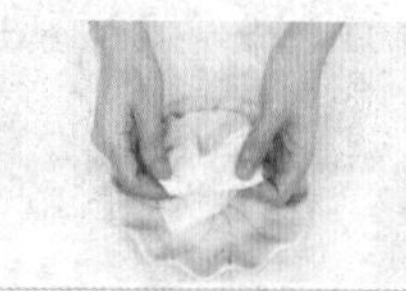

⑦把隔渣袋平放在盘中。

⑧放入香茅、甘草、桂皮、八角、砂仁、干沙姜、芫荽子。

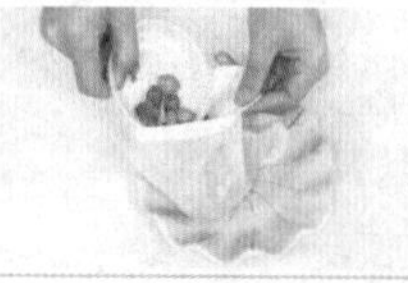

⑨再倒入草果、红曲米、小茴香、白蔻、丁香、罗汉果。

⑩最后放入花椒，收紧袋口制成香料袋。

⑪炒锅烧热，注食用油，放入肥肉，用中火煎至出油。

⑫倒入蒜头、红葱头、葱结、香菜，大火爆香。

⑬放入白糖，翻炒至白糖熔化。

⑭倒入备好的上汤。

⑮盖上锅盖，用大火煮沸。

⑯取下盖子，放入香料袋。

⑰盖上盖，转中火煮沸。

⑱揭盖，加入盐、生抽、老抽、鸡粉拌匀入味。

⑲再盖上锅盖，转小火煮大约30分钟。

⑳取下锅盖，挑去葱结、香菜，即成精卤水。

㉑把处理干净的猪尾放入煮沸的卤水锅中。

㉒盖上盖，小火卤煮20分钟。

㉓揭盖，把卤好的猪尾捞出。

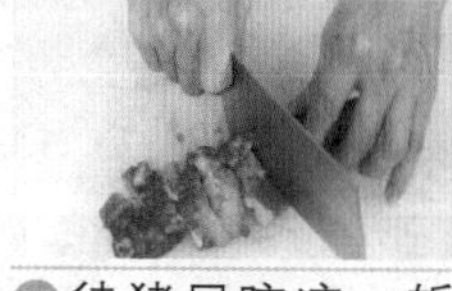

㉔待猪尾晾凉，斩成块。

㉕把切好的猪尾装入盘中，浇上少许卤汁即可。

辣卤猪尾

制作指导 猪尾吃多了容易腻口，可将卤熟的猪尾晾凉或冷藏片刻再食用。

营养分析 猪尾含有丰富的蛋白质，主要成分是胶原蛋白质，是皮肤组织不可缺少的营养成分，食猪尾可以改善皮肤、丰胸美容，非常适合女性。此外，猪尾还有补阴益髓的功效，可改善腰酸背痛症状，预防骨质疏松。

材料 猪尾250克，干辣椒5克，草果10克，香叶3克，桂皮10克，干姜8克，八角7克，花椒4克，姜片20克，葱结15克。

调料 豆瓣酱10克，麻辣鲜露5毫升，盐25克，味精20克，生抽20毫升，食用油适量。

做法

❶炒锅置于火上，倒入少许食用油，烧至三成热。

❷放入姜片、葱结爆香。

❸放入草果、香叶、桂皮、干姜、八角、花椒，快速翻炒。

❹放入豆瓣酱，炒匀。

❺锅中倒入约1000毫升清水。

❻加入麻辣鲜露。

❼放入盐、味精，淋入生抽、老抽。

❽拌匀至入味。

❾盖上锅盖，用大火煮沸，转小火煮约30分钟。

❿关火，即成川味卤水。

⓫汤锅中倒入适量卤水，大火煮沸，放入干辣椒、猪尾。

⓬盖上盖，小火卤煮20分钟。

⓭揭盖，把卤好的猪尾取出。

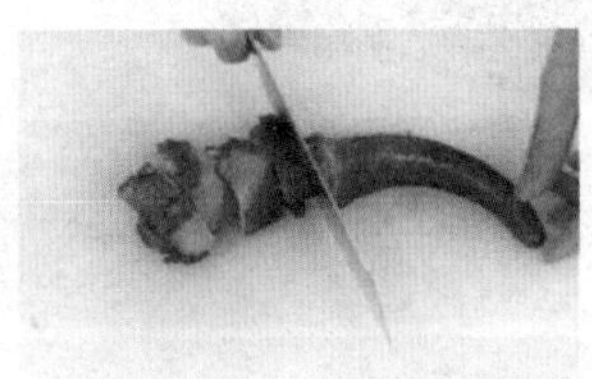

⓮待猪尾晾凉，用刀斩成小块。

⓯把切好的猪尾装入盘中。

⓰浇上卤汁即可。

川味辣卤猪肠

制作指导 猪大肠用半罐可乐腌渍半小时，再用淘米水搓洗干净，能迅速洗去猪大肠的异味。

营养分析 猪大肠富含蛋白质、脂肪、钙、铁、碳水化合物、维生素等营养成分。中医认为，猪大肠性寒、味甘，有润肠、祛风、解毒、止血的功效，能祛下焦风热、止小便频数，适宜痔疮、便血、脱肛者食用。

辣

材料 猪肠200克，干辣椒5克，花椒3克，草果10克，香叶3克，桂皮10克，干姜8克，八角7克，生姜片20克，葱结15克。

调料 豆瓣酱10克，麻辣鲜露5毫升，盐25克，味精20克，生抽20毫升，老抽10毫升，食用油适量。

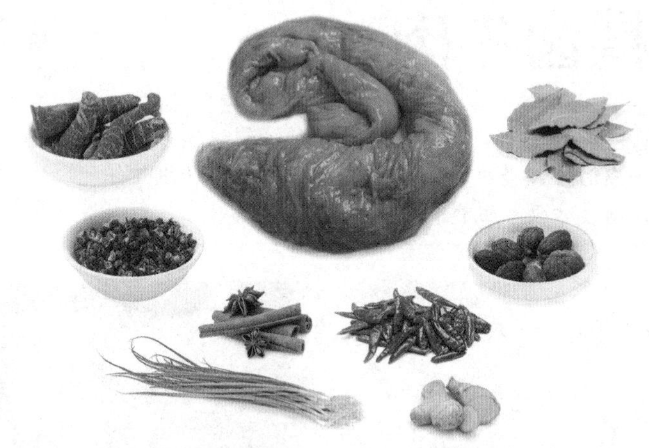

做法

❶锅中注入适量食用油烧热。

❷放入生姜片、葱结，用大火爆炒。

❸再倒入草果、香叶、桂皮、干姜、八角，翻炒均匀。

❹转中火，加入豆瓣酱，炒匀。

❺注入约1000毫升清水。

❻倒入麻辣鲜露。

❼加入盐、味精，淋入生抽、老抽，拌匀。

❽盖上锅盖，大火煮至沸，转小火再煮约30分钟。

❾即成川味卤水。

❿用大火煮沸卤水，放入干辣椒、花椒。

⓫放入洗净的猪大肠。

⓬加盖，小火卤制20分钟。

⓭揭盖，把卤好的大肠捞出。

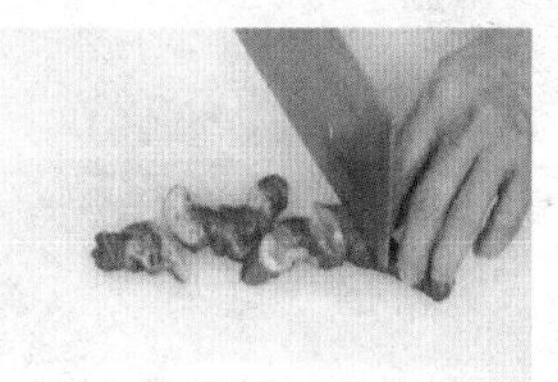

⓮把猪大肠切成小块。

⓯将切块的猪大肠装入盘中，浇上少许卤水即可。

精卤牛肉

制作指导 牛肉纤维组织较粗，结缔组织较多，切牛肉时应横着纤维纹路切，这样把牛肉纤维组织切断，才便于咀嚼食用。

营养分析 牛肉含蛋白质、脂肪、维生素B_1、维生素B_2，以及磷、钙、铁等营养元素，而且牛肉蛋白质中含有多种人体必需的氨基酸，它的氨基酸成分最接近人体需要，能提高机体抗病能力，对于生长发育及术后、病后调养的人来说，是不错的进补食品。

材料 牛肉350克，猪骨300克，老鸡肉300克，草果15克，白蔻10克，小茴香2克，红曲米10克，香茅5克，甘草5克，桂皮6克，八角10克，砂仁6克，干沙姜15克，芫荽子5克，丁香3克，罗汉果10克，花椒5克，葱结15克，蒜头10克，肥肉50克，红葱头20克，香菜15克，隔渣袋1个。

调料 盐30克，生抽20毫升，老抽20毫升，鸡粉10克，白糖、食用油25毫升。

做法

①锅中加入适量清水，放入洗净的猪骨、鸡肉。

②盖上盖，用大火烧热，煮至沸腾。

③揭开盖，捞去汤中浮沫。

④再盖好盖，转用小火熬煮约1小时。

⑤捞出鸡肉和猪骨，余下的汤料即成上汤。

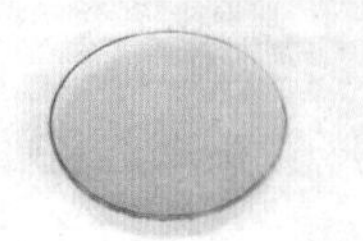

⑥把熬好的上汤盛入容器中备用。

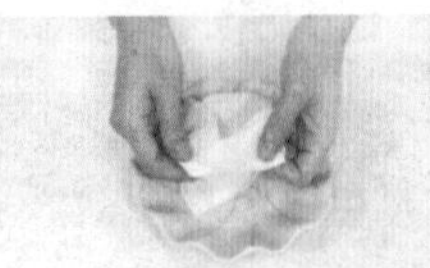

⑦把隔渣袋平放在盘中。

⑧放入香茅、甘草、桂皮、八角、砂仁、干沙姜、芫荽子。

⑨再倒入草果、红曲米、小茴香、白蔻、丁香、罗汉果。

⑩最后放入花椒，收紧袋口制成香料袋。

⑪炒锅注油烧热，放入洗净的肥肉煎至出油。

⑫倒入蒜头、红葱头、葱结、香菜，大火爆香。

⑬放入白糖，翻炒至白糖熔化。

⑭倒入备好的上汤。

⑮盖上锅盖，用大火煮沸。

⑯取下盖子，放入香料袋，转中火煮沸。

⑰揭盖，加入盐、生抽、老抽、鸡粉，拌匀入味。

⑱再盖上锅盖，转小火煮约30分钟。

⑲取下锅盖，挑去葱结、香菜，即成精卤水。

⑳卤水锅上火，大火煮沸。

㉑放入洗净的牛肉，拌煮至断生。

㉒盖上锅盖，转用小火卤40分钟至入味。

㉓揭开盖，捞出卤好的牛肉。

㉔装在盘中放凉后，把牛肉切成薄片。

㉕码放在盘中，浇上少许卤汁，即可食用。

卤水牛心

制作指导 牛心块头大，卤煮前可先剖开挖挤去瘀血，切去筋络，这样卤好的牛心味更醇。牛心以卤至八成熟为佳，未食用前应浸于卤汁中保存，以免变干硬，影响口感。

营养分析 牛心富含蛋白质、脂肪、碳水化合物、维生素、尼克酸、钾、钠等营养元素。具有明目、健脑、健脾、温肺、益肝、补肾、补血、养颜护肤等功效。尤其适宜更年期妇女、久病体虚人群食用。

材料 牛心150克，姜、葱各20克，草果、桂皮、干辣椒段、沙姜、丁香、花椒各适量。

调料 盐、料酒、鸡粉、味精、白糖、老抽、生抽、糖色、卤水各适量。

做法

❶锅注水，加料酒。

❷烧热后下牛心汆烫片刻，捞去浮沫。

❸捞出牛心洗净备用。

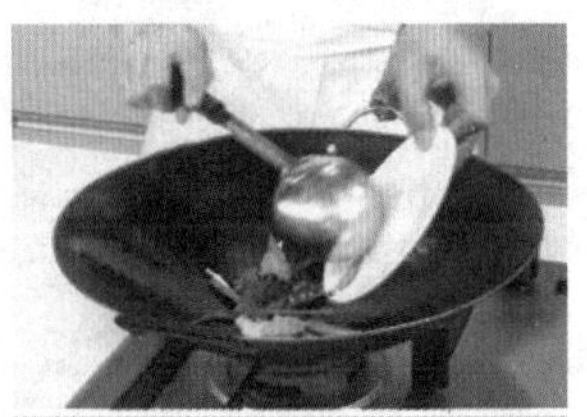
❹另起锅，注油烧热，放入姜、葱、草果、桂皮、干辣椒段、沙姜、丁香、花椒。

❺加入少许料酒。

❻倒入适量清水。

❼加入盐、鸡粉、味精、白糖、老抽、生抽。

❽再加入糖色烧开。

❾放入牛心。

❿加盖，中火卤制40分钟至入味。

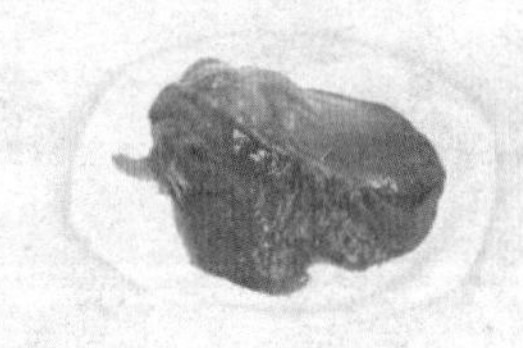
⓫捞出牛心，放凉。

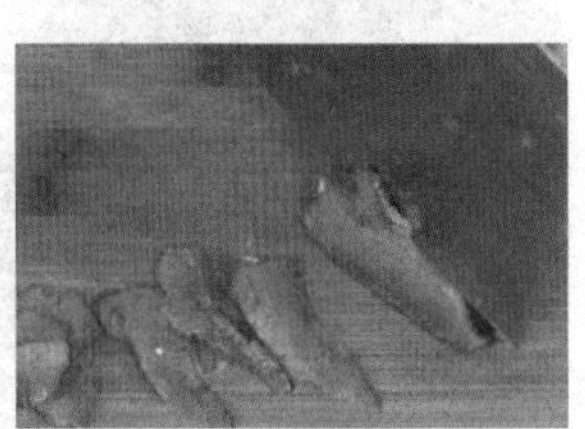
⓬将牛心切成片。

⓭装入盘中，加入少许卤水。

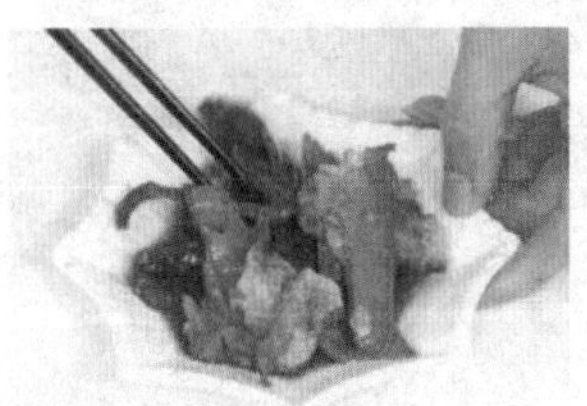
⓮用筷子拌匀。

⓯摆入另一个盘中即可。

卤水牛肚

制作指导 清洗生牛肚时，可以用盐、醋擦洗，再用清水洗净。

营养分析 牛肚含蛋白质、脂肪、钙、磷、铁等营养元素，具有补益脾胃、补气养血、补虚益精等保健功效，适宜气血不足、营养不良、脾胃虚弱者食用。

材料 牛肚300克，猪骨300克，老鸡肉300克，草果15克，白蔻10克，小茴香2克，红曲米10克，香茅5克，甘草5克，桂皮6克，八角10克，砂仁6克，干沙姜15克，芫荽子5克，丁香3克，罗汉果10克，花椒5克，葱结15克，蒜头10克，肥肉50克，红葱头20克，香菜15克，隔渣袋1个。

调料 盐30克，生抽20毫升，老抽20毫升，鸡粉10克，料酒、白糖、食用油各适量。

做法

❶锅中加入适量清水，放入洗净的猪骨、鸡肉。

❷用小火熬煮约1小时。

❸捞出鸡肉和猪骨，余下的汤料即成上汤。

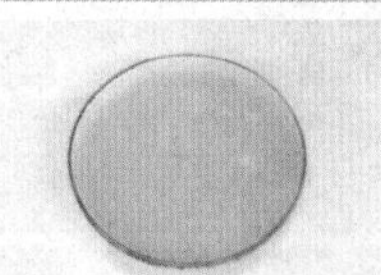

❹把熬好的上汤盛入容器中备用。

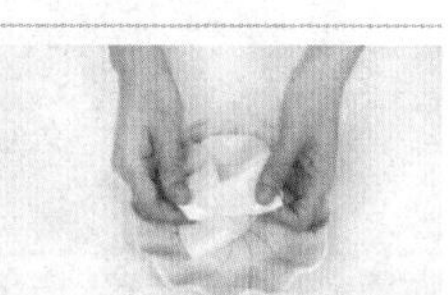

❺把隔渣袋平放在盘中。

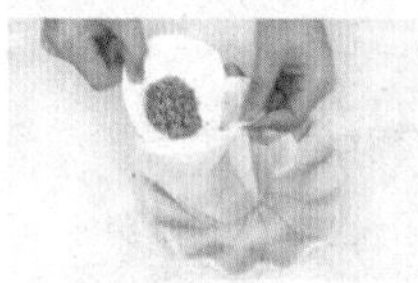

❻放入香茅、甘草、桂皮、八角、砂仁、干沙姜、芫荽子。

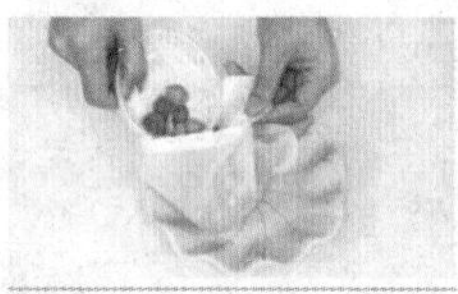

❼再倒入草果、红曲米、小茴香、白蔻、丁香、罗汉果。

❽最后放入花椒，收紧袋口制成香料袋。

❾炒锅注油烧热，放入洗净的肥肉煎至出油。

❿倒入蒜头、红葱头、葱结、香菜，大火爆香。

⓫放入白糖，翻炒至白糖熔化。

⓬倒入备好的上汤，盖上锅盖，用大火煮沸。

⓭取下盖子，放入香料袋，转中火煮。

⓮揭盖，加入盐、生抽、老抽、鸡粉，拌匀入味。

⓯再盖上锅盖，转小火煮约30分钟。

⓰取下锅盖，挑去葱结、香菜，即成精卤水。

⓱另起锅放置火上，注入适量清水，放入牛肚。

⓲加少许料酒。

⓳搅拌约1分钟，去除牛肚的杂质。

⓴把汆过水的牛肚捞出。

㉑卤水锅放置火上，煮沸后放入牛肚。

㉒加盖，用小火卤制15分钟。

㉓揭盖，把卤好的牛肚捞出，装入盘中。

㉔把卤好的牛肚切成块。

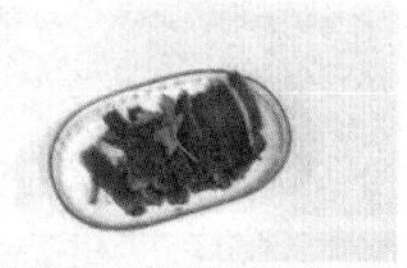

㉕将切好的牛肚装入盘中即可。

卤水牛舌

制作指导 锅中的卤汁要浸过牛舌，最好一次性加足水。

营养分析 牛舌含有碳水化合物、脂肪、蛋白质、胡萝卜素、硫胺素、核黄素，还含有多种维生素和矿物质。牛舌性平，味甘，归脾、胃经，具有补脾胃、益气血、强筋骨、消水肿等功效。此外，常食牛舌还能有效改善消化不良，具有健脾开胃的作用。

材料 牛舌350克，猪骨300克，老鸡肉300克，草果15克，白蔻10克，小茴香2克，红曲米10克，香茅5克，甘草5克，桂皮6克，八角10克，砂仁6克，干沙姜15克，芫荽子5克，丁香3克，罗汉果10克，花椒5克，葱结15克，蒜头10克，肥肉50克，红葱头20克，香菜15克，隔渣袋1个。

调料 盐30克，生抽20毫升，老抽20毫升，鸡粉10克，料酒、白糖、食用油各适量。

做法

①锅中加入适量清水，放入洗净的猪骨、鸡肉。

②再盖好盖，转用小火熬煮约1小时。

③捞出鸡肉和猪骨，余下的汤料即成上汤。

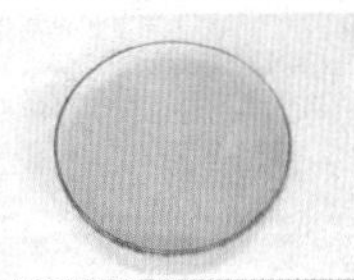
④把熬好的上汤盛入容器中备用。

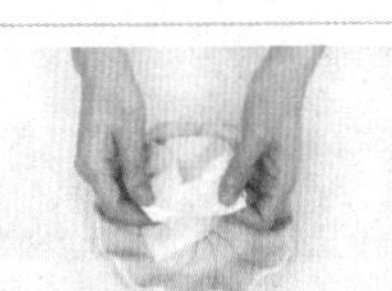
⑤把隔渣袋平放在盘中。

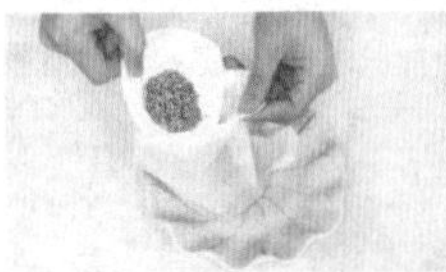
⑥放入香茅、甘草、桂皮、八角、砂仁、干沙姜、芫荽子。

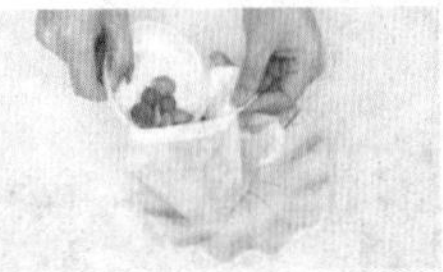
⑦再倒入草果、红曲米、小茴香、白蔻、丁香、罗汉果。

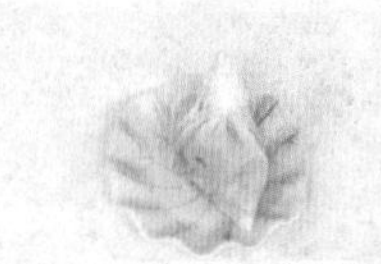
⑧最后放入花椒，收紧袋口制成香料袋。

⑨炒锅注油烧热，放入洗净的肥肉煎至出油。

⑩倒入蒜头、红葱头、葱结、香菜，大火爆香。

⑪放入白糖，翻炒至白糖熔化。

⑫倒入备好的上汤，盖上锅盖，用大火煮沸。

⑬取下盖子，放入香料袋，转用中火煮沸。

⑭揭盖，加入盐、生抽、老抽、鸡粉，拌匀入味。

⑮再盖上锅盖，转小火煮大约30分钟。

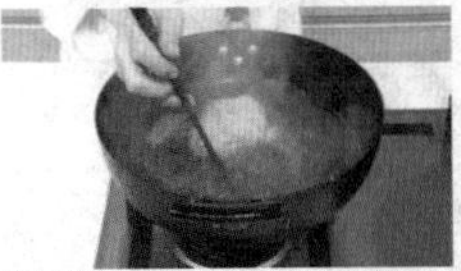
⑯取下锅盖，挑去葱结、香菜，即成精卤水。

⑰另起锅，加入适量清水，放入牛舌。

⑱加少许料酒，煮约1分钟，去除血水。

⑲把汆过水的牛舌捞出。

⑳卤水锅放置火上，煮沸后放入牛舌。

㉑加盖，用小火卤制20分钟。

㉒揭盖，把卤好的牛舌捞出，入盘中晾凉，备用。

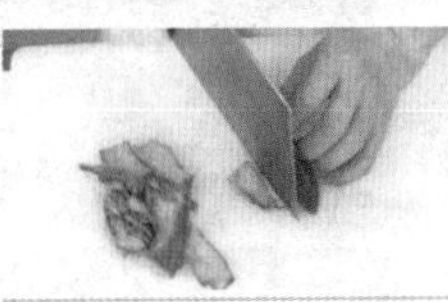
㉓把卤好的牛舌切成片。

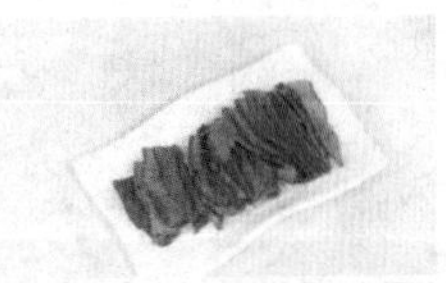
㉔将切好的牛舌装入盘中，浇上少许卤水即可。

辣卤牛蹄筋

制作指导 生牛蹄筋可用高压锅来煮，这样比较节省时间，能快速将牛蹄筋煮熟软。

营养分析 牛蹄筋含有丰富的胶原蛋白，脂肪含量也比肥肉低，并且不含胆固醇。它能使皮肤更富有弹性和韧性，延缓皮肤的衰老。牛蹄筋有强筋壮骨之功效，对腰膝酸软、身体瘦弱者有很好的调补作用。此外，常食牛蹄筋有助于青少年生长发育和减缓中老年女性骨质疏松的速度。

材料 牛蹄筋250克，干辣椒7克，草果10克，香叶3克，桂皮10克，干姜8克，八角7克，花椒4克，生姜片20克，葱结15克。

调料 豆瓣酱10克，麻辣鲜露5毫升，盐25克，味精20克，生抽20毫升，老抽10毫升，辣椒油3毫升，食用油适量。

做法

①炒锅置于火上，倒入少许食用油，烧至三成热。

②放入生姜片、葱结爆香。

③放入草果、香叶、桂皮、干姜、八角、花椒，快速翻炒。

④放入豆瓣酱，炒匀。

⑤锅中倒入约1000毫升清水。

⑥加入麻辣鲜露。

⑦放入盐、味精，淋入生抽、老抽。

⑧拌匀至入味。

⑨盖上锅盖，用大火煮沸，转小火煮约30分钟。

⑩即成川味卤水。

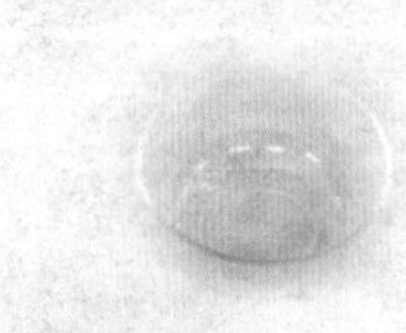

⑪取一个小碗。

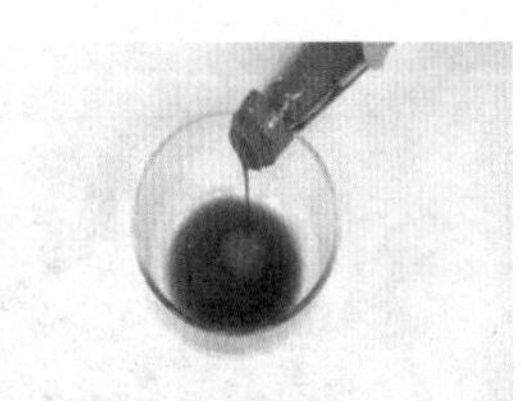

⑫倒入少许卤汁、辣椒油。

⑬拌匀，作为调味汁，备用。

⑭用大火煮沸卤水，放入干辣椒。

⑮放入牛蹄筋。

⑯加盖，小火卤制20分钟。

⑰揭盖，把卤好的牛蹄筋捞出。

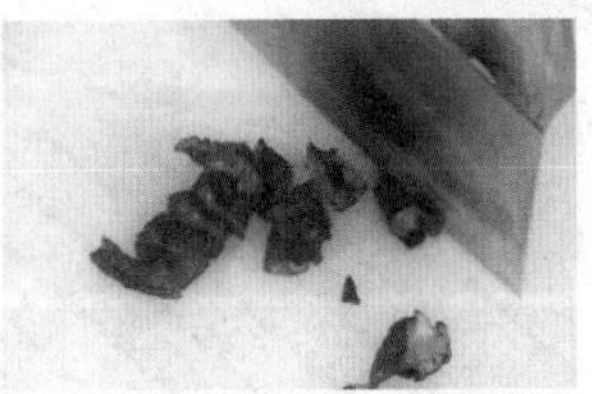

⑱把牛蹄筋切成小块，备用。

⑲将牛蹄筋装入盘中，淋入调好的味汁即可。

卤羊肉

制作指导 羊肉经常会粘有羊毛，此时可用小面团在羊肉上来回滚动，以去除羊毛。

营养分析 羊肉味道鲜美，富含蛋白质、维生素及多种矿物质，具有良好的温补功效，对一般风寒咳嗽、体虚怕冷、腰膝酸软、气血两亏、病后或产后身体虚亏等均有辅助治疗和补益效果。

材料 羊肉400克，猪骨300克，老鸡肉300克，姜片30克，草果15克，白蔻10克，小茴香2克，红曲米10克，香茅5克，甘草5克，桂皮6克，八角10克，砂仁6克，干沙姜15克，芫荽子5克，丁香3克，罗汉果10克，花椒5克，葱结15克，蒜头10克，肥肉50克，红葱头20克，香菜15克，隔渣袋1个。

调料 盐30克，生抽20毫升，老抽20毫升，鸡粉10克，料酒5毫升，白糖、食用油各适量。

做法

❶锅中加入适量清水，放入洗净的猪骨、鸡肉。

❷用小火熬煮约1小时。

❸捞出鸡肉和猪骨，余下的汤料即成上汤。

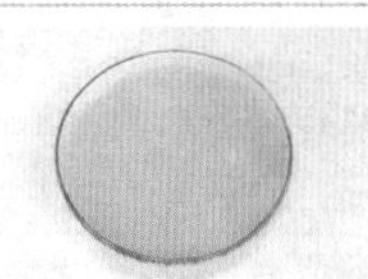

❹把熬好的上汤盛入容器中备用。

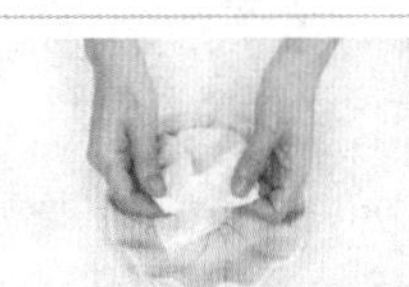

❺把隔渣袋平放在盘中。

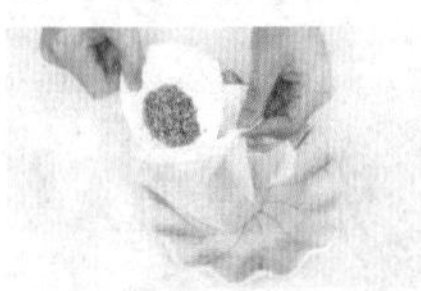

❻放入香茅、甘草、桂皮、八角、砂仁、干沙姜、芫荽子。

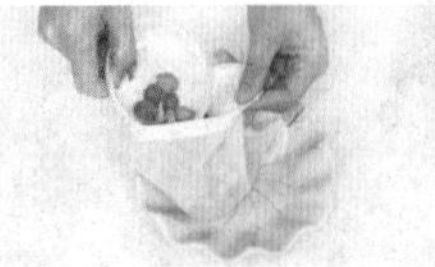

❼再倒入草果、红曲米、小茴香、白蔻、丁香、罗汉果。

❽最后放入花椒，收紧袋口制成香料袋。

❾炒锅注油烧热，放入洗净的肥肉煎至出油。

❿倒入蒜头、红葱头、葱结、香菜，大火爆香。

⓫放入白糖，翻炒至白糖熔化。

⓬倒入备好的上汤，用大火煮沸。

⓭取下盖子，放入香料袋，转中火煮沸。

⓮揭盖，加入盐、生抽、老抽、鸡粉，拌匀入味。

⓯再盖上锅盖，转小火煮大约30分钟。

⓰取下锅盖，挑去葱结、香菜，即成精卤水。

⓱另起锅，加入适量清水烧开，放入姜片和羊肉。

⓲加入料酒拌匀，大火煮沸。

⓳捞去锅中浮沫。

⓴把氽好的羊肉捞出。

㉑将羊肉放入煮沸的卤水锅中。

㉒盖上盖，小火卤30分钟。

㉓揭盖，把卤好的羊肉捞出。

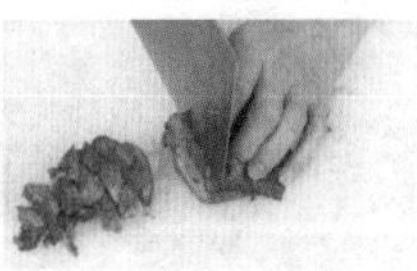

㉔把羊肉切成块。

㉕将切好的羊肉摆入盘中，浇上少许卤汁即可。

禽肉篇

卤鸡尖

制作指导 鸡翅尖汆水后打上花刀，再进行卤制，这样会使其更易入味。

营养分析 鸡翅尖含蛋白质、脂肪、钙、磷、铁、镁、钾等成分，适用于辅助治疗虚损羸瘦、脾胃虚弱、食少反胃、气血不足、头晕心悸、肾虚所致的小便频数、耳鸣耳聋、脾虚水肿等病症。此外，鸡翅尖消化吸收率高，很容易被人体吸收利用，有增强体力的作用。

材料 鸡翅尖250克，姜片15克，猪骨300克，老鸡肉300克，香料包（草果15克，白蔻10克，小茴香2克，红曲米10克，香茅5克，甘草5克，桂皮6克，八角10克，砂仁6克，干沙姜15克，芫荽子5克，丁香3克，罗汉果10克，花椒5克，隔渣袋1个），葱结15克，蒜头10克，肥肉50克，红葱头20克，香菜15克。

调料 盐30克，生抽20毫升，老抽20毫升，鸡粉10克，白糖、食用油各适量。

做法

①锅中加适量清水，放入洗净的猪骨、鸡肉。

②小火熬煮大约1小时。

③捞出鸡肉和猪骨，余下的汤料即成上汤。

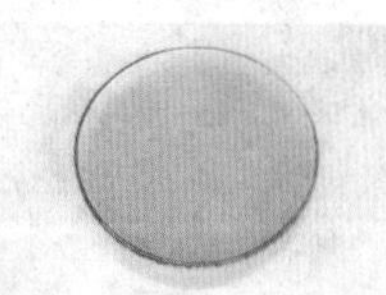
④把熬好的上汤盛入容器中备用。

⑤把隔渣袋打开，放入香料包中要用到的香料。

⑥依次放入香料后，扎紧袋口。

⑦炒锅注油烧热，放入肥肉后煎至出油。

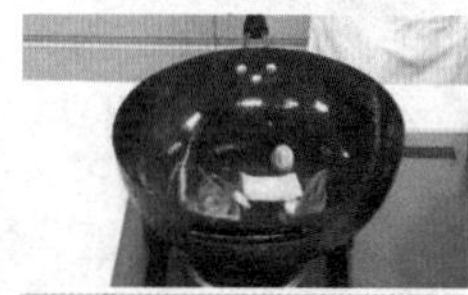
⑧倒入蒜头、红葱头、葱结、香菜，大火爆香。

⑨放入白糖，翻炒至白糖熔化。

⑩倒入备好的上汤，用大火煮沸。

⑪取下盖子，放入香料包。

⑫盖上盖，转中火煮沸。

⑬揭开盖，加入盐、生抽、老抽、鸡粉。

⑭拌匀入味。

⑮再盖上锅盖，转小火煮约30分钟。

⑯取下锅盖，挑去葱结、香菜。

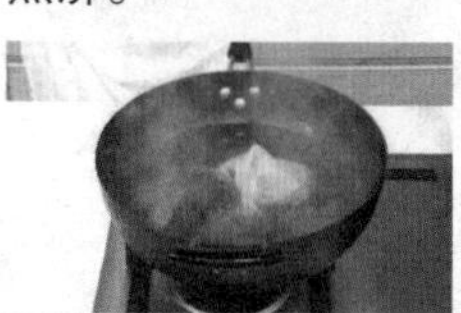
⑰精制卤水即成。

⑱另起锅，注入适量清水，放入洗净的鸡尖。

⑲盖上盖，大火煮沸。

⑳揭开盖，捞去锅中浮沫。

㉑将余煮好的鸡尖捞出备用。

㉒把姜片放入煮沸的卤水锅中，再放入鸡尖。

㉓盖上盖，用小火卤制15分钟。

㉔揭盖，把卤好的鸡尖捞出。

㉕将鸡尖装入盘中即可。

卤手枪腿

制作指导 将宰杀好的鸡放入盆中，加适量啤酒，放少许盐和胡椒，浸泡一小时，可去除鸡肉的腥味。

营养分析 鸡肉肉质细嫩，滋味鲜美，其含有对人体生长发育有重要作用的磷脂类、矿物质及多种维生素，有增强体力、强壮身体的作用，对营养不良、畏寒怕冷、贫血等症有良好的食疗作用。

材料 手枪腿1只，猪骨300克，老鸡肉300克，草果15克，白蔻10克，小茴香2克，红曲米10克，香茅5克，甘草5克，桂皮6克，八角10克，砂仁6克，干沙姜15克，芫荽子5克，丁香3克，罗汉果10克，花椒5克，葱结15克，蒜头10克，肥肉50克，红葱头20克，香菜15克，隔渣袋1个。

调料 盐30克，生抽20毫升，老抽20毫升，鸡粉10克，白糖适量，食用油25毫升。

做法

①汤锅加清水，放入洗净的猪骨、鸡肉。

②用小火熬煮约1小时。

③捞出鸡肉和猪骨，余下的汤料即成上汤。

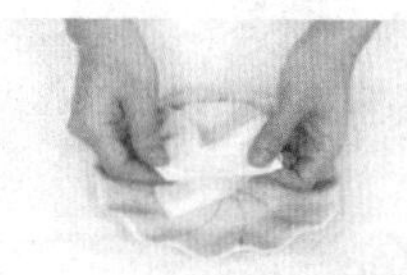

④把隔渣袋平放在盘中。

⑤放入香茅、甘草、桂皮、八角、砂仁、干沙姜、丁香。

⑥倒入草果、红曲米、小茴香、白蔻、芫荽子、罗汉果。

⑦最后放入花椒，扎严实，制成香料袋。

⑧炒锅烧热，注入食用油，放入肥肉，煎至出油。

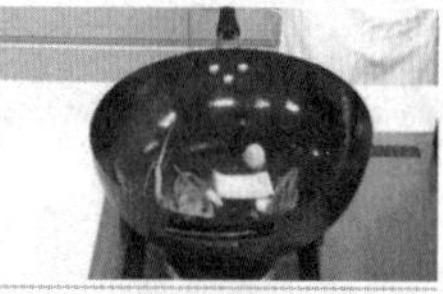

⑨倒入蒜头、红葱头、葱结、香菜，大火爆香。

⑩放入白糖，翻炒至白糖熔化。

⑪倒入准备好的上汤。

⑫盖上盖子，煮至沸腾。

⑬取下盖子，放入香料袋。

⑭盖上盖，转中火煮沸。

⑮揭开盖，加入盐、生抽、老抽、鸡粉。

⑯拌匀入味。

⑰再盖上锅盖，转小火煮约30分钟。

⑱取下锅盖，挑去葱结、香菜。

⑲即成精卤水。

⑳卤水锅放置火上烧开，放入洗好的手枪腿。

㉑按压手枪腿使其浸没在卤水中。

㉒盖上盖子，大火煮沸。

㉓转用小火卤30分钟至入味。

㉔揭下锅盖，捞出卤制好的手枪腿。

㉕装在盘中，放凉后食用即可。

卤琵琶腿

制作指导 在熄火后，鸡腿继续在卤汁中浸泡一会儿，吃的时候再装盘，味道会更好。

营养分析 鸡肉肉质细嫩，滋味鲜美，含有丰富的蛋白质，而且消化率高，很容易被人体吸收利用。鸡肉含有对人体发育有重要作用的磷脂类、矿物质及多种维生素，有增强体力、强壮身体的作用，对营养不良、畏寒怕冷、贫血等症有良好的食疗作用。此外，鸡肉还具有温中补脾、益气补血、补肾益精的功效。

材料 琵琶腿250克，猪骨300克，老鸡肉300克，草果15克，白蔻10克，小茴香2克，红曲米10克，香茅5克，甘草5克，桂皮6克，八角10克，砂仁6克，干沙姜15克，芫荽子5克，丁香3克，罗汉果10克，花椒5克，葱结15克，蒜头10克，肥肉50克，红葱头20克，香菜15克，隔渣袋1个。

调料 盐30克，生抽20毫升，老抽20毫升，鸡粉10克，白糖、食用油各适量。

做法

❶锅中加入适量清水，放入洗净的猪骨、鸡肉。

❷盖上盖，用大火烧热，煮至沸腾。

❸揭开盖，捞去汤中浮沫。

❹再盖好盖，转用小火熬煮约1小时。

❺捞出鸡肉和猪骨，余下的汤料即成上汤。

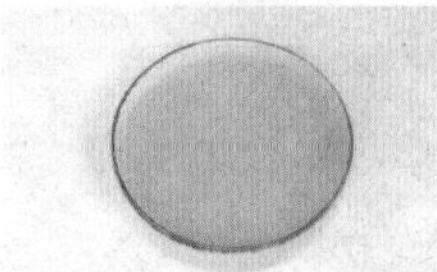

❻把熬好的上汤盛入容器中备用。

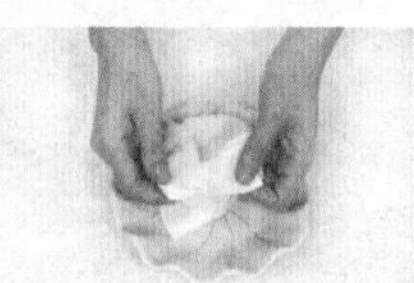

❼把隔渣袋平放在盘中。

❽放入香茅、甘草、桂皮、八角、砂仁、干沙姜、芫荽子。

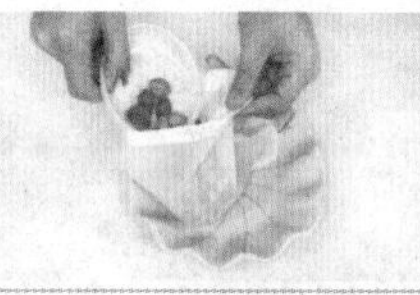

❾再倒入草果、红曲米、小茴香、白蔻、丁香、罗汉果。

❿最后放入花椒，收紧袋口制成香料袋。

⓫炒锅注油烧热，放入洗净的肥肉煎至出油。

⓬倒入蒜头、红葱头、葱结、香菜，大火爆香。

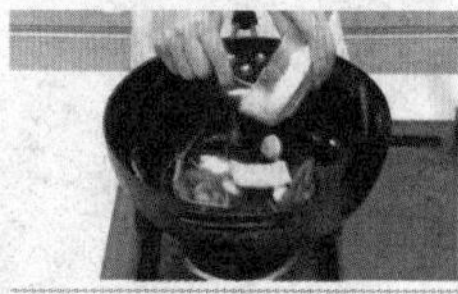

⓭放入白糖，翻炒至白糖熔化。

⓮倒入准备好的上汤。

⓯盖上锅盖，用大火煮沸。

⓰取下盖子，放入香料袋，再煮沸。

⓱加入盐、生抽、老抽、鸡粉搅拌匀入味。

⓲再盖上锅盖，转小火煮大约30分钟。

⓳取下锅盖，挑去葱结、香菜。

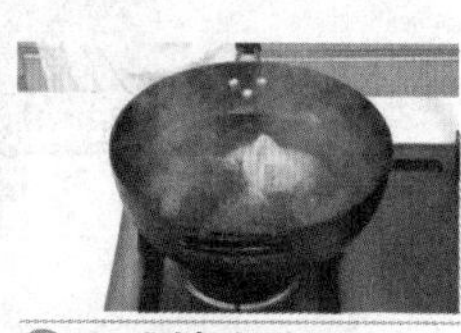

⓴即成精卤水。

㉑在琵琶腿上打上花刀，装入盘中备用。

㉒把琵琶腿放入煮沸的卤水锅中。

㉓盖上盖，用小火卤制20分钟。

㉔揭盖，把卤好的琵琶腿捞出。

㉕将琵琶腿装入盘中即可。

卤鸡架

制作指导 汆过水的鸡骨架宜用流水把鸡骨架表面附着的浮沫冲洗干净，沥干水再卤制。

营养分析 鸡骨架含有丰富的钙，可促进骨质代谢，刺激骨基质和骨细胞生长，使钙盐在骨组织中沉积。此外，鸡骨架还有促进肝气循环、祛除寒气、补气血的作用，适用于防治腰酸、四肢发冷、畏寒、水肿等症状。产妇常食鸡骨架，可通乳汁、补身体、促康复。

材料 鸡骨架500克，姜片10克，葱条6克，猪骨300克，老鸡肉300克，草果15克，白蔻10克，小茴香2克，红曲米10克，香茅5克，甘草5克，桂皮6克，八角10克，砂仁6克，干沙姜15克，芫荽子5克，丁香3克，罗汉果10克，花椒5克，葱结15克，蒜头10克，肥肉50克，红葱头20克，香菜15克，隔渣袋1个。

调料 盐30克，生抽20毫升，老抽20毫升，鸡粉10克，料酒8毫升，白糖、食用油各适量。

做法

①锅中加适量清水，放入洗净的猪骨、鸡肉。

②用小火熬煮约1小时。

③再捞出鸡肉和猪骨，余下的汤料即成上汤。

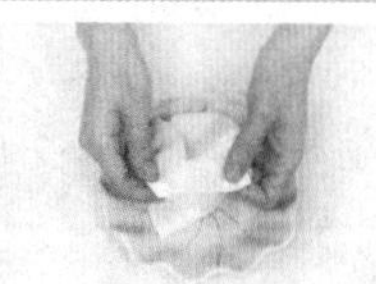
④把隔渣袋平放在盘中。

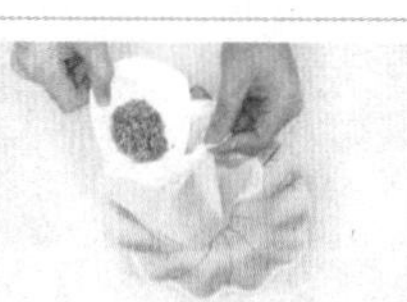
⑤放入香茅、甘草、桂皮、八角、砂仁、干沙姜、芫荽子。

⑥再倒入草果、红曲米、小茴香、白蔻、丁香、罗汉果。

⑦最后放入花椒，收紧袋口，制成香料袋。

⑧炒锅注油烧热，放入肥肉后煎至出油。

⑨倒入蒜头、红葱头、葱结、香菜，大火爆香。

⑩放入白糖，翻炒至白糖熔化。

⑪倒入备好的上汤，用大火煮沸。

⑫取下盖子，放入香料袋，转为中火煮沸。

⑬加入盐、生抽、老抽、鸡粉等拌匀入味。

⑭盖上锅盖，转小火煮约30分钟。

⑮取下锅盖，挑去葱结、香菜，即成精卤水。

⑯锅中倒入适量清水。

⑰放入洗净的鸡骨架，汆煮片刻。

⑱捞去锅中浮沫。

⑲将汆煮好的鸡骨架捞出备用。

⑳把姜片和葱条放进煮沸的卤水锅中，放入鸡骨架。

㉑盖上盖，用小火卤制20分钟。

㉒揭盖，挑去葱条。

㉓将卤好的鸡骨架捞出，沥干卤水。

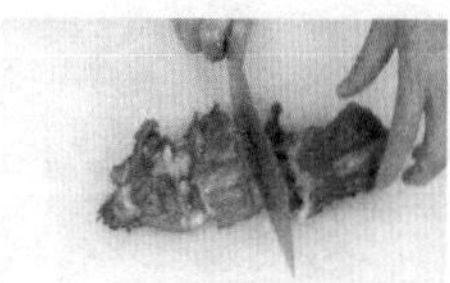
㉔把鸡骨架斩成块，装入盘中。

㉕再浇上少许卤水即可。

盐焗凤爪

制作指导 卤制鸡爪时，盖子盖严实一些味道会更香。

营养分析 鸡爪味道鲜美，骨质脆嫩，富含膳食纤维，可以增强肠胃蠕动、促进消化、增强食欲。但其胆固醇含量较高，高血脂病患者不宜食用鸡爪。

材料 盐焗鸡粉30克，鸡爪500克，姜片25克，八角、干沙姜各20克。

调料 黄姜粉10克，盐、鸡粉各少许。

做法

❶洗净的鸡爪沥干备用。

❷锅中倒入适量清水烧热，放入鸡爪。

❸加盖，大火烧开。

❹揭开盖，放入姜片和洗净的八角、干沙姜。

❺加入盐、鸡粉。

❻再倒入盐焗鸡粉。

❼搅拌均匀。

❽加入黄姜粉。

❾用锅勺充分拌匀。

❿加盖，小火卤制15分钟至入味。

⓫揭盖，捞出鸡爪。

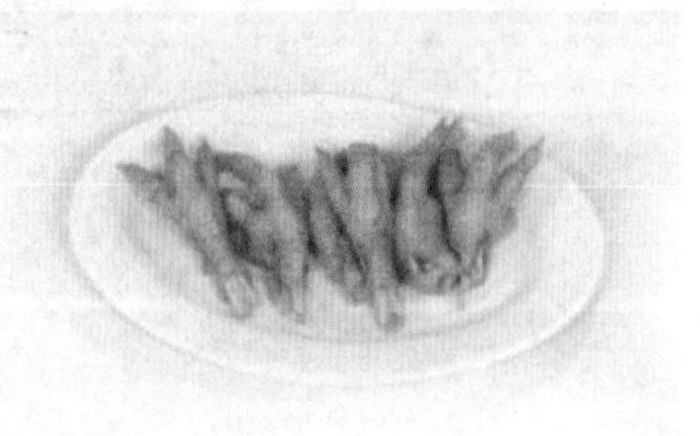

⓬摆好盘即成。

卤水鸭

制作指导 鸭肉臊味较重，其臊味源自于鸭子尾端两侧的臊豆，卤制时，应先将臊豆去掉，以改善成菜的口味。

营养分析 鸭肉营养价值很高，富含蛋白质、脂肪、碳水化合物、维生素A及磷、钾等矿物质。其中，鸭肉中的脂肪酸主要是不饱和脂肪酸和低碳饱和脂肪酸，易于消化。鸭肉有补肾、消水肿、止咳化痰的功效，对于肺结核病症有很好的食疗作用。

咸

材料 鸭肉1000克，猪骨300克，老鸡肉300克，草果15克，白蔻10克，小茴香2克，红曲米10克，香茅5克，甘草5克，桂皮6克，八角10克，砂仁6克，干沙姜15克，芫荽子5克，丁香3克，罗汉果10克，花椒5克，葱结15克，蒜头10克，肥肉50克，红葱头20克，香菜15克，隔渣袋1个。

调料 盐30克，生抽20毫升，老抽20毫升，鸡粉10克，白糖适量，食用油25毫升。

做法

①锅中加入适量清水，放入洗净的猪骨、鸡肉。

②用小火熬煮约1小时。

③捞出鸡肉和猪骨，余下的汤料即成上汤。

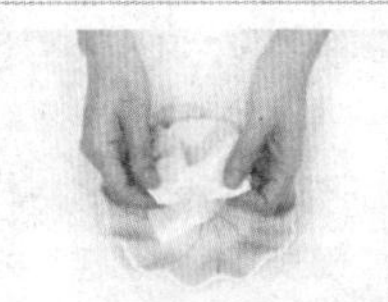

④把隔渣袋平放在盘中。

⑤放入香茅、甘草、桂皮、八角、砂仁、干沙姜、芫荽子。

⑥再倒入草果、红曲米、小茴香、白蔻、丁香、罗汉果。

⑦最后放入花椒，收紧袋口，制成香料袋。

⑧炒锅注油烧热，放入洗净的肥肉煎至出油。

⑨倒入蒜头、红葱头、葱结、香菜，大火爆香。

⑩放入白糖，翻炒至白糖熔化。

⑪倒入准备好的上汤。

⑫盖上锅盖，用大火煮沸。

⑬取下盖子，放入香料袋。

⑭盖上盖，转中火煮沸。

⑮揭开盖，加入盐、生抽、老抽、鸡粉。

⑯拌匀入味。

⑰再盖上锅盖，转小火煮大约30分钟。

⑱取下锅盖，挑去葱结、香菜，即成精卤水。

⑲卤水锅用大火烧开。

⑳再放入洗净的鸭肉。

㉑盖上盖子，大火煮沸。

㉒转用小火卤20分钟至入味。

㉓揭下锅盖，捞出卤好的鸭肉。

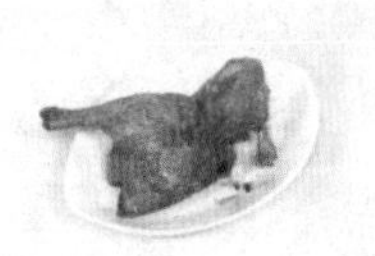

㉔装在盘中，放凉后食用即可。

卤水鸭翅

制作指导 鸭翅拔毛后还会有些细小的毛，可以用火烧的方式去除。

营养分析 鸭翅性寒、味甘、咸，归脾、胃、肺、肾经，其含有蛋白质、磷脂类、矿物质及多种维生素，可大补虚劳、滋五脏之阴、清虚劳之热、补血行水、养胃生津、清热健脾，防治身体虚弱、病后体虚、营养不良性水肿。

材料 鸭翅350克，猪骨300克，老鸡肉300克，草果15克，白蔻10克，小茴香2克，红曲米10克，香茅5克，甘草5克，桂皮6克，八角10克，砂仁6克，干沙姜15克，芫荽子5克，丁香3克，罗汉果10克，花椒5克，葱结15克，蒜头10克，肥肉50克，红葱头20克，香菜15克，隔渣袋1个。

调料 盐30克，生抽20毫升，老抽20毫升，鸡粉10克，料酒5毫升，白糖、食用油各适量。

做法

①锅中加入适量清水，放入洗净的猪骨、鸡肉。

②盖上盖，用大火烧热，煮至沸腾。

③揭开盖，捞去汤中浮沫。

④再盖好盖，转用小火熬煮约1小时。

⑤捞出鸡肉和猪骨，余下的汤料即成上汤。

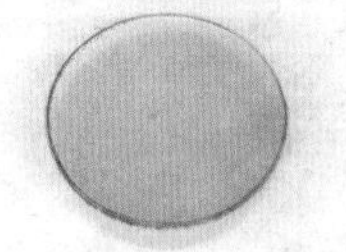

⑥把熬好的上汤盛入容器中备用。

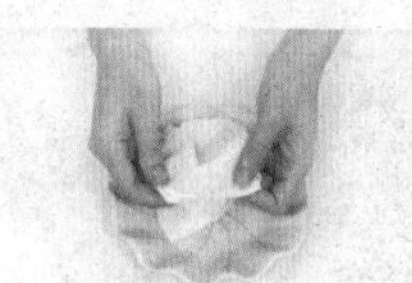

⑦把隔渣袋平放在盘中。

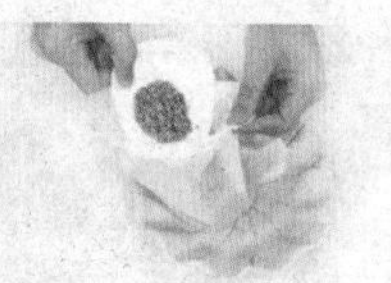

⑧放入香茅、甘草、桂皮、八角、砂仁、干沙姜、芫荽子。

⑨再倒入草果、红曲米、小茴香、白蔻、丁香、罗汉果。

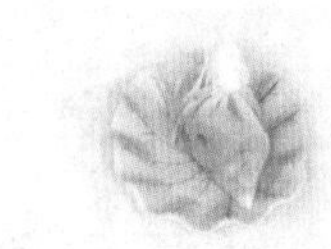

⑩最后放入花椒，收紧袋口制成香料袋。

⑪炒锅注油烧热，放入洗净的肥肉煎至出油。

⑫倒入蒜头、红葱头、葱结、香菜，大火爆香。

⑬放入白糖，翻炒至白糖熔化。

⑭倒入备好的上汤，盖上锅盖，用大火煮沸。

⑮取下盖子，放入香料袋。

⑯盖上盖，转中火煮沸。

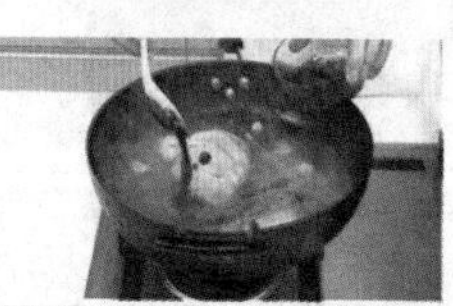

⑰加入盐、生抽、老抽、鸡粉等拌匀入味。

⑱再盖上锅盖，转小火煮大约30分钟。

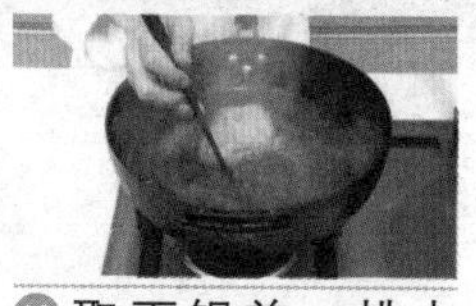

⑲取下锅盖，挑去葱结、香菜，即成精卤水。

⑳将洗净的鸭翅放入煮沸的卤水锅中。

㉑盖上盖，小火卤煮20分钟。

㉒揭盖，把卤好的鸭翅取出。

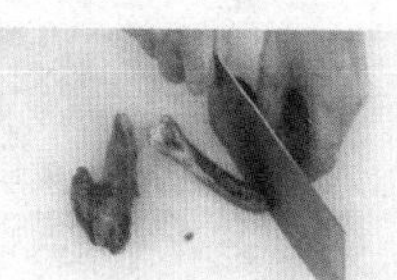

㉓把鸭翅切成块。

㉔将切好的鸭翅摆入盘中。

㉕浇上少许卤汁即可。

卤鸭脖

制作指导 鸭脖子一定要先汆水再卤制，否则腥味太重。

营养分析 中医认为，鸭肉味甘微咸，性偏凉，无毒，入脾、胃、肺及肾经，具有滋五脏之阴、清虚劳之热、补血行水、养胃生津、止咳息惊等功效。

材料 鸭脖200克，姜片20克，猪骨300克，老鸡肉300克，草果15克，白蔻10克，小茴香2克，红曲米10克，香茅5克，甘草5克，桂皮6克，八角10克，砂仁6克，干沙姜15克，芫荽子5克，丁香3克，罗汉果10克，花椒5克，葱结15克，蒜头10克，肥肉50克，红葱头20克，香菜15克，隔渣袋1个。

调料 盐30克，生抽20毫升，老抽20毫升，鸡粉10克，料酒、白糖、食用油各适量。

做法

①锅中加入适量清水，放入洗净的猪骨、鸡肉。

②小火熬煮大约1小时。

③捞出鸡肉和猪骨，余下的汤料即成上汤。

④把熬好的上汤盛入容器中备用。

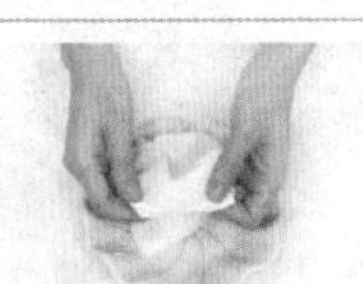

⑤把隔渣袋平放在盘中。

⑥放入香茅、甘草、桂皮、八角、砂仁、干沙姜、芫荽子。

⑦再倒入草果、红曲米、小茴香、白蔻、丁香、罗汉果。

⑧最后放入花椒，收紧袋口，制成香料袋。

⑨炒锅注油烧热，放入洗净的肥肉煎至出油。

⑩倒入蒜头、红葱头、葱结、香菜，大火爆香。

⑪放入白糖，翻炒至白糖熔化。

⑫倒入备好的上汤、香料袋煮沸。

⑬加入盐、生抽、老抽、鸡粉拌匀至入味。

⑭再盖上锅盖，转小火煮大约30分钟。

⑮取下锅盖，挑去葱结、香菜，即成精卤水。

⑯锅中加清水烧开，放入姜片，淋入少许料酒。

⑰再放入鸭脖煮约3分钟，氽去血渍后捞出备用。

⑱另起锅，倒入精卤水，然后大火煮沸。

⑲放入氽好的鸭脖，下入姜片。

⑳加上锅盖。

㉑用小火卤制约15分钟至入味。

㉒揭下盖子，捞出卤好的鸭脖。

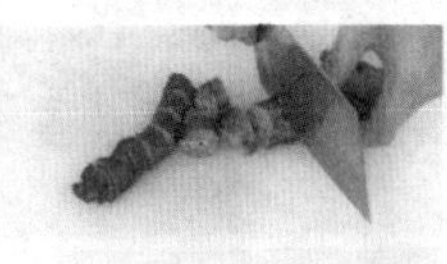

㉓把放凉后的鸭脖切成小块。

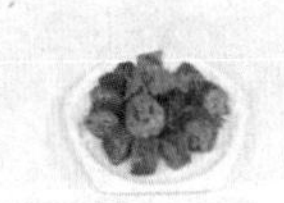

㉔盛放在盘中，摆整齐，浇上少许卤汁即成。

卤水鸭肠

制作指导 卤鸭肠的时间不要过长，15分钟左右即可，这样才能保持鸭肠脆爽的口感。

营养分析 鸭肠富含蛋白质、维生素A、B族维生素、维生素C和钙、铁、锌、钾等营养元素。鸭肠富含的蛋白质，是维持人体免疫机能最重要的营养素，是构成白血球和抗体的主要成分，能提高人体免疫力。鸭肠对人体新陈代谢、神经、心脏、消化系统和视觉的维护都有良好的作用。

材料 熟鸭肠200克，猪骨300克，老鸡肉300克，草果15克，白蔻10克，小茴香2克，红曲米10克，香茅5克，甘草5克，桂皮6克，八角10克，砂仁6克，干沙姜15克，芫荽子5克，丁香3克，罗汉果10克，花椒5克，葱结15克，蒜头10克，肥肉50克，红葱头20克，香菜15克，隔渣袋1个。

调料 盐30克，生抽20毫升，老抽20毫升，鸡粉10克，白糖、食用油各适量。

做法

①锅中加入适量清水，放入洗净的猪骨、鸡肉。

②盖上盖，用大火烧热，煮至沸腾。

③揭开盖，捞去汤中浮沫。

④再盖好盖，转用小火熬煮大约1小时。

⑤捞出鸡肉和猪骨，余下的汤料即成上汤。

⑥把熬好的上汤盛入容器中备用。

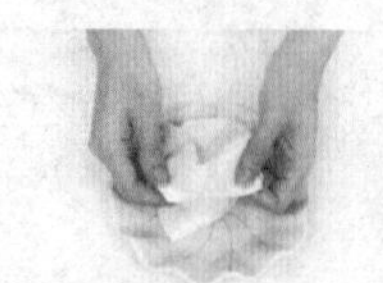

⑦把隔渣袋平放在盘中。

⑧放入香茅、甘草、桂皮、八角、砂仁、干沙姜、芫荽子。

⑨再倒入草果、红曲米、小茴香、白蔻、丁香、罗汉果。

⑩收紧袋口，扎严实，制成香料袋。

⑪炒锅注油烧热，放入洗净的肥肉煎至出油。

⑫倒入蒜头、红葱头、葱结、香菜，大火爆香。

⑬放入白糖，翻炒至白糖熔化。

⑭倒入准备好的上汤。

⑮盖上锅盖，用大火煮沸。

⑯取下盖子，放入香料袋。

⑰盖上盖，转中火煮沸。

⑱揭开盖，加入盐、生抽、老抽、鸡粉。

⑲拌匀入味。

⑳再盖上锅盖，转小火煮约30分钟。

㉑取下锅盖，挑去葱结、香菜，即成精卤水。

㉒另起一锅，倒入精卤水煮沸，放入鸭肠。

㉓加盖，用小火卤制15分钟。

㉔揭盖，把卤好的鸭肠捞出。

㉕将鸭肠装入盘中即可。

川味卤乳鸽

制作指导 卤制乳鸽时，可不时翻动鸽子，这样有助于鸽子入味，成品颜色也更均匀。

营养分析 鸽肉是高蛋白、低脂肪的食品，具有解毒、补肾壮阳、缓解神经衰弱之功效。鸽肉的营养价值优于鸡肉，而且比鸡肉易消化吸收，是产妇和婴幼儿的最好营养品。乳鸽骨含有丰富的软骨素，经常食用，可使皮肤变得白嫩、细腻，增强皮肤弹性，使面色红润，富有光泽。

材料 乳鸽1只，干辣椒5克，花椒2克，草果10克，香叶3克，桂皮10克，干姜8克，八角7克，姜片20克，葱结15克。

调料 豆瓣酱10克，麻辣鲜露5毫升，盐25克，味精20克，生抽20毫升，老抽10毫升，食用油适量。

做法

①油锅烧热后放入姜片、葱结，用大火爆炒香。

②再倒入草果、香叶、桂皮、干姜、八角，翻炒均匀。

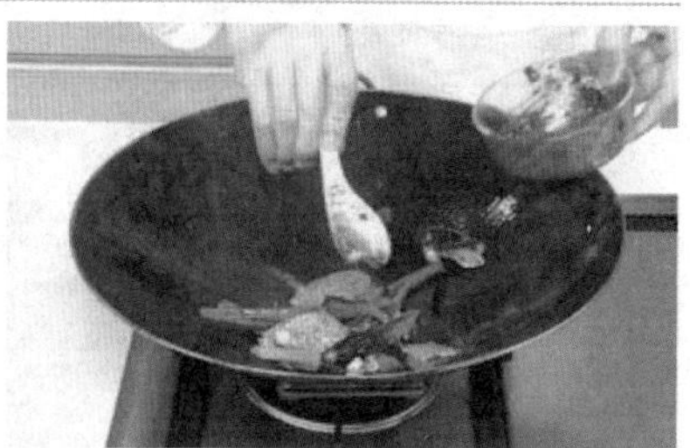

③转中火，加入豆瓣酱，炒匀。

④注入大约1000毫升清水。

⑤倒入麻辣鲜露。

⑥加入盐、味精，淋入生抽、老抽，拌匀。

⑦盖上锅盖，大火煮至沸，转小火再煮大约30分钟。

⑧揭盖，即成川味卤水。

⑨将适量的卤水转倒汤锅中，大火煮沸，放入干辣椒和花椒。

⑩再将宰杀处理干净的乳鸽放入锅中。

⑪盖上盖，小火卤煮20分钟。

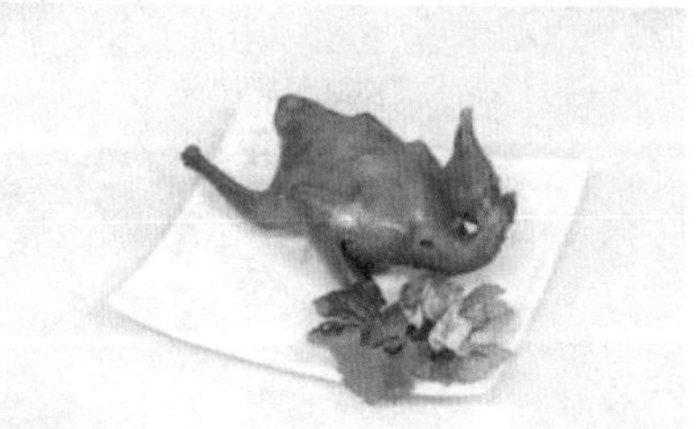

⑫揭盖，把卤好的乳鸽取出装盘即成。

水产篇

卤水鱿鱼

制作指导 卤制新鲜鱿鱼时，要将其内脏去除干净，这是因为鱿鱼内脏含有大量的胆固醇，多食会损害身体健康。

营养分析 鱿鱼含有大量的高度不饱和脂肪酸和牛磺酸，可有效减少血管壁内所累积的胆固醇，对于预防血管硬化、胆结石的形成都颇具效力。鱿鱼还能补充脑力，延缓大脑衰老，因此对老年人来说，鱿鱼更是有益健康的食物。

咸

材料 鱿鱼300克，猪骨300克，老鸡肉300克，草果15克，白蔻10克，小茴香2克，红曲米10克，香茅5克，甘草5克，桂皮6克，八角10克，砂仁6克，干沙姜15克，芫荽子5克，丁香3克，罗汉果10克，花椒5克，葱结15克，蒜头10克，肥肉50克，红葱头20克，香菜15克，隔渣袋1个。

调料 盐30克，生抽20毫升，老抽20毫升，鸡粉10克，白糖、食用油各适量。

做法

❶锅中加入适量清水，放入洗净的猪骨、鸡肉。

❷用小火熬煮约1小时。

❸捞出鸡肉和猪骨，余下的汤料即成上汤。

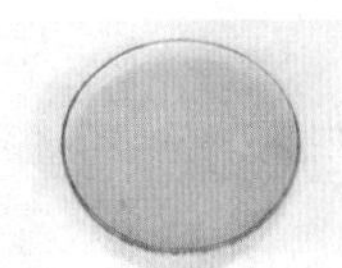

❹把熬好的上汤盛入容器中备用。

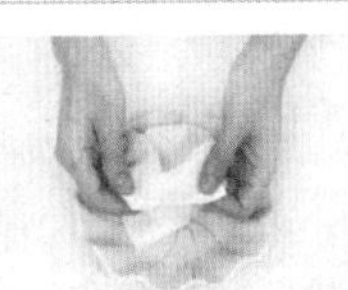

❺把隔渣袋平放在盘中。

❻放入香茅、甘草、桂皮、八角、砂仁、干沙姜、芫荽子。

❼再倒入草果、红曲米、小茴香、白蔻、丁香、罗汉果。

❽最后放入花椒，收紧袋口，制成香料袋。

❾炒锅注油烧热，放入洗净的肥肉煎至出油。

❿倒入蒜头、红葱头、葱结、香菜，大火爆香。

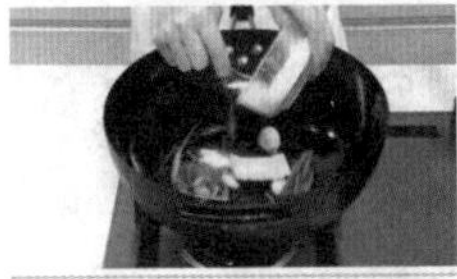

⓫放入白糖，翻炒至白糖熔化。

⓬倒入备好的上汤，盖上锅盖，用大火煮沸。

⓭取下盖子，放入香料袋，转中火煮沸。

⓮加入盐、生抽、老抽、鸡粉拌匀入味。

⓯再盖上锅盖，转小火煮大约30分钟。

⓰取下锅盖，挑去葱结、香菜，即成精卤水。

⓱卤水锅煮沸后放入清洗干净的鱿鱼，拌匀。

⓲盖上盖子，煮至沸腾。

⓳转用小火卤20分钟至入味。

⓴揭下锅盖，捞出卤好的鱿鱼。

㉑装在盘中晾凉。

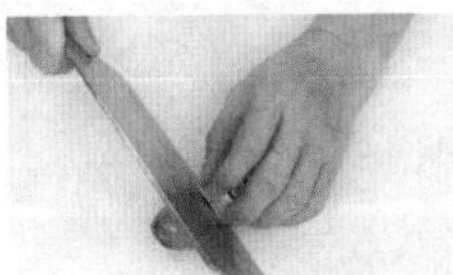

㉒待鱿鱼放凉后斜切成薄片。

㉓摆放在盘中。

㉔浇上少许卤汁即成。

酒香大虾

制作指导 基围虾背上的虾线，是虾的消化道，有很重的泥腥味，会影响口感，所以应去除。

营养分析 基围虾富含蛋白质、钾、碘、镁、磷、维生素A等营养成分，其肉质松软，易于人体消化吸收。此外，虾还含有丰富的钙质，对身体虚弱以及病后需要调养的人均有良好的滋补作用。

材料 净基围虾500克，猪骨300克，老鸡肉300克，白酒300毫升，红葱头25克，大蒜20克，草果15克，芫荽子10克，八角10克，桂皮10克，小茴香10克，丁香8克，隔渣袋1个。

调料 盐40克，白糖30克，味精20克，生抽20毫升，老抽10毫升，食用油适量。

做法

①锅中加入适量清水，放入洗净的猪骨、鸡肉。

②盖上盖，用大火烧热，煮至沸腾。

③揭开盖，捞去汤中浮沫。

④盖好盖，用小火熬煮约1小时。

⑤捞出鸡肉和猪骨，余下的汤料即成上汤。

⑥把熬好的上汤盛入容器中备用。

⑦将隔渣袋放在碗中，打开袋口。

⑧放入丁香、小茴香、芫荽子，倒入桂皮、八角、草果。

⑨再收紧袋口，扎严实，制成香料袋。

⑩锅中注油烧热，倒入蒜头、红葱头，大火爆香。

⑪倒入准备好的上汤。

⑫再放入香料袋，拌煮至袋子浸没于汤汁中。

⑬盖上盖烧开，转小火煮约15分钟。

⑭倒入白酒。

⑮加入适量盐、味精、白糖。

⑯再放入生抽、老抽。

⑰拌匀，煮至入味，即成酒香卤水。

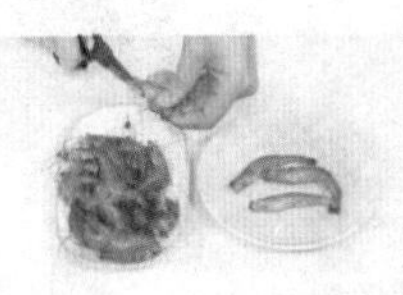
⑱用剪刀剪去基围虾的头、须和脚。

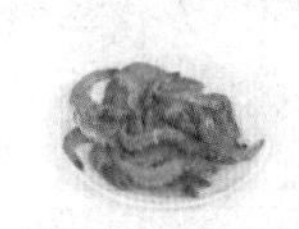
⑲将处理好的基围虾装入盘中。

⑳卤水锅中倒入基围虾。

㉑大火煮沸后转小火卤至虾身弯曲且呈红色。

㉒关火，揭开盖，让虾浸渍一会儿至入味。

㉓捞出卤好的基围虾，沥干汁水。

㉔装入盘中，摆好盘即可。

糟香秋刀鱼

制作指导 处理秋刀鱼时要掏出其内脏，并且去掉黑膜，再清洗干净。

营养分析 秋刀鱼含有丰富的蛋白质、脂肪，还含有人体不可缺少的不饱和脂肪酸，有助于脑部发育，能提高学习能力，并能预防记忆力衰退。秋刀鱼还含有丰富的维生素E，可延缓衰老。秋刀鱼含有的铁、镁等矿物质可以预防动脉硬化、防止血栓形成。

鲜

材料 净秋刀鱼200克，姜片20克，葱条15克，醪糟300克，姜片20克，葱结20克，红葱头30克，红曲米15克，草果15克，香菜15克，白蔻10克，八角10克，陈皮10克，桂皮8克，花椒7克，丁香6克，芫荽子5克，香叶3克，隔渣袋1个。

调料 白糖40克，盐20克，料酒15毫升，食用油适量。

做法

①把隔渣袋放在盘中，张开袋口。

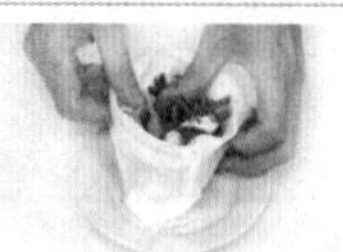

②放入草果、丁香、香叶、芫荽子、白蔻、桂皮、八角。

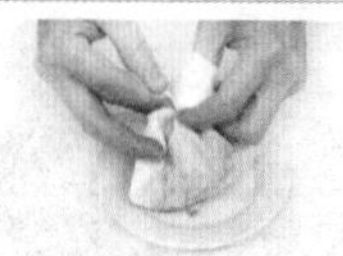

③再放入陈皮、红曲米、花椒制成香料袋。

④用油起锅，倒入红葱头、葱结、香菜、生姜片。

⑤大火爆香，淋入料酒。

⑥注入约800毫升清水。

⑦放入香料袋，拌煮至袋子浸入锅中。

⑧盖上锅盖，大火煮沸，转小火煮约15分钟。

⑨揭开盖，倒入备好的醪糟。

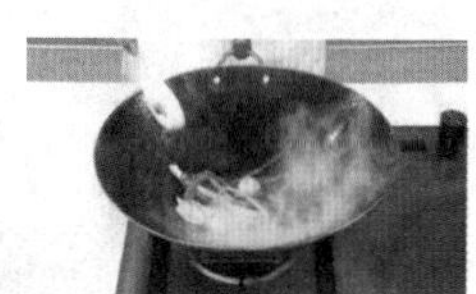

⑩再盖上锅盖，用小火再煮约5分钟。

⑪取下锅盖，加入盐、白糖。

⑫挑去香料袋、葱结和香菜。

⑬再用漏勺捞出醪糟渣、姜片、红葱头。

⑭关火，即成糟香卤水。

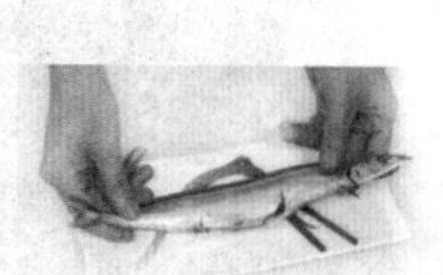

⑮取一个干净的盘子，放上葱条，平放好秋刀鱼。

⑯放上姜片，撒上少许盐，腌渍片刻。

⑰把腌好的秋刀鱼放入烧开的蒸锅中。

⑱盖上盖，用中火蒸约5分钟至熟。

⑲揭开锅盖，取出蒸好的秋刀鱼。

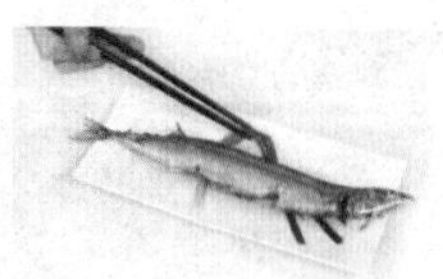

⑳拣去姜片和葱条，备用。

㉑将准备好的卤水锅放置在小火上。

㉒倒入蒸好的秋刀鱼。

㉓轻轻按压使其浸入卤汁中。

㉔盖上锅盖，煮沸后再浸渍20分钟至入味。

㉕捞出卤好的秋刀鱼，装盘，浇上少许卤汁即成。

酒香田螺

制作指导 烹饪田螺时，应将其烧煮10分钟以上，这样才能杀死螺肉中所含的病菌和寄生虫。

营养分析 田螺含有蛋白质、脂肪及维生素A、维生素B_1、维生素B_2、维生素D、烟酸等成分。中医认为，田螺性大寒，味甘，归心、脾、膀胱经，具有清热、明目、利尿、通淋等功效，可辅助治疗中耳炎、婴儿湿疹、热疮肿毒、全身水肿、湿热黄疸、胃痛反酸、小儿软骨病等症。

材料 猪骨300克，老鸡肉300克，田螺350克，白酒300毫升，红葱头25克，大蒜20克，草果15克，芫荽子10克，八角10克，桂皮10克，小茴香10克，丁香8克，隔渣袋1个。

调料 盐40克，白糖30克，味精20克，生抽20毫升，老抽10毫升，食用油适量。

做法

❶锅中加入适量清水，放入洗净的猪骨、鸡肉。

❷盖上盖，用大火烧热，煮至沸腾。

❸揭开盖，捞去汤中浮沫。

❹再盖好盖，转用小火熬煮大约1小时。

❺捞出鸡肉和猪骨，余下的汤料即成上汤。

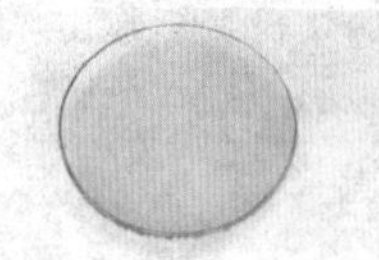
❻把熬好的上汤盛入容器中备用。

❼将隔渣袋放在碗中，打开袋口。

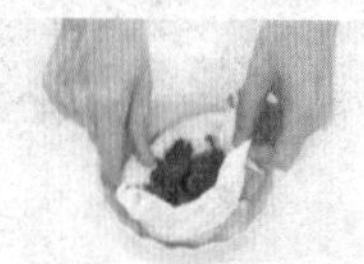
❽放入丁香、小茴香、芫荽子，倒入桂皮、八角、草果。

❾再收紧袋口，扎严实，制成香料袋。

❿锅中注入少许食用油烧热。

⓫倒入洗净的大蒜、红葱头爆香。

⓬倒入准备好的上汤。

⓭再放入香料袋，拌煮至袋子浸没于汤汁中。

⓮盖上盖，烧开，转小火煮大约15分钟。

⓯取下锅盖，倒入白酒。

⓰加入适量盐、味精、白糖。

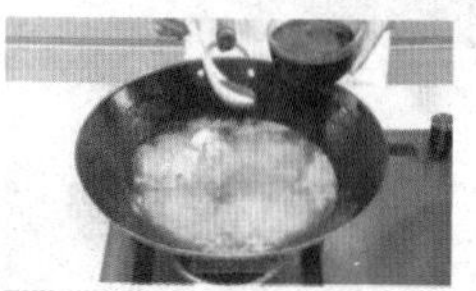
⓱再放入生抽、老抽。

⓲拌匀，煮至入味，即制成酒香卤水。

⓳卤水锅中倒入洗净的田螺。

⓴拌煮均匀。

㉑盖上锅盖，大火煮沸。

㉒转小火，卤煮约15分钟至田螺熟透。

㉓揭开盖，捞出卤好的田螺，沥干汤汁。

㉔把田螺装入盘中即可。

糟卤田螺

制作指导 田螺尾部储存着田螺的排泄物，所以不能食用，在清洗田螺的时候，应将这一部分去除。

营养分析 田螺含有蛋白质、钙、磷、铁、硫胺素、核黄素、维生素等人体所需的营养物质，具有清热、明目、利尿、通淋、开胃消食等功效，适宜免疫力低、记忆力下降、贫血、糖尿病者食用。田螺肉所含热量低，是减肥者的理想食品。

鲜

材料 田螺700克，醪糟300克，姜片20克，葱条20克，红葱头30克，红曲米15克，草果15克，香菜15克，白蔻10克，八角10克，陈皮10克，桂皮8克，花椒7克，丁香6克，芫荽子5克，香叶3克，隔渣袋1个。

调料 白糖40克，盐20克，料酒15毫升，食用油适量。

做法

①把隔渣袋放在盘中，张开袋口。

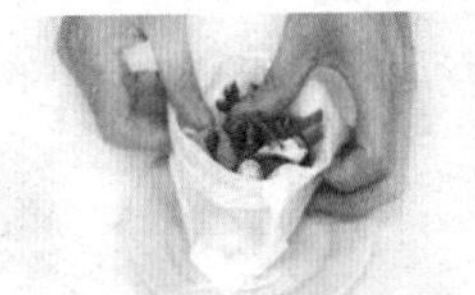

②放入草果、丁香、香叶、芫荽子、白蔻、桂皮、八角、陈皮、红曲米、花椒。

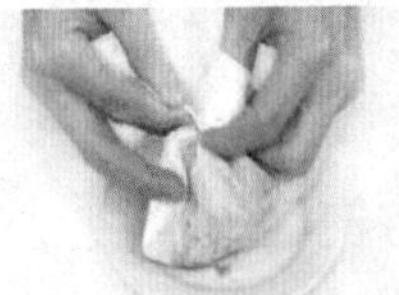

③收紧袋口，扎严实，制成香料袋。

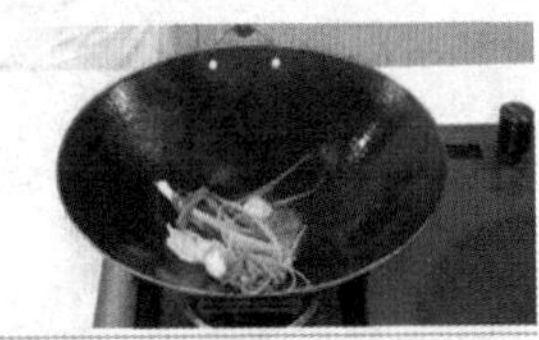

④用油起锅，倒入红葱头、葱结、香菜、生姜片。

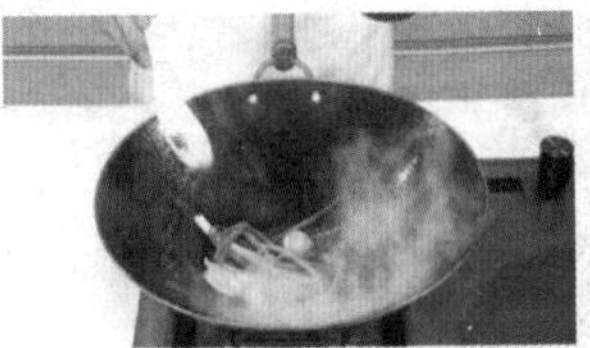

⑤大火爆香，淋入料酒。

⑥注入约800毫升清水。

⑦放入香料袋，拌煮至袋子浸入锅中。

⑧盖上锅盖，大火煮沸，转小火煮约15分钟至汤汁呈淡红色。

⑨揭开盖，倒入醪糟。

⑩再盖上锅盖，用小火煮约5分钟。

⑪取下锅盖，加入盐、白糖。

⑫挑去香料袋、葱结和香菜。

⑬再用漏勺捞出醪糟渣、姜片、红葱头。

⑭关火，即成糟香卤水。

⑮卤水锅放置火上，倒入洗净的田螺。

⑯盖上锅盖，大火煮沸。

⑰再用小火卤制约15分钟至入味。

⑱揭盖，盛出卤好的田螺。

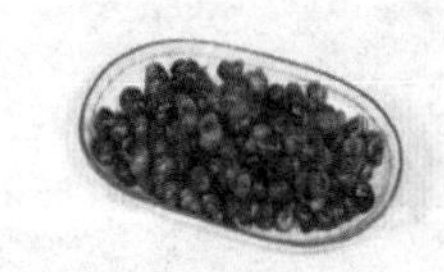

⑲沥干汤汁，装盘即可。

辣卤田螺

制作指导 将新鲜的田螺放在盆中用清水浸泡几天，待其将污物排出干净，然后将田螺尾部剪去，清洗干净后才可以放入卤水锅中进行卤制。

营养分析 田螺含有蛋白质、脂肪及维生素A、维生素B_1、维生素B_2、维生素D、烟酸等成分，可辅助治疗细菌性痢疾、风湿性关节炎、肾炎水肿、疔疮肿痛、中耳炎、佝偻病、胃痛、胃酸、小儿湿疹、妊娠水肿等。

材料 田螺350克，干辣椒7克，草果10克，香叶3克，桂皮10克，干姜8克，八角7克，花椒4克，生姜片20克，葱结15克。

调料 豆瓣酱10克，麻辣鲜露5毫升，盐25克，味精20克，生抽20毫升，老抽10毫升，食用油适量。

做法

❶锅中注入少许食用油烧热。

❷倒入生姜片、葱结，大火爆香。

❸再放入干辣椒、草果、香叶、桂皮、干姜、八角、花椒炒香。

❹转中小火，加入豆瓣酱，翻炒匀。

❺锅中注入约1000毫升清水。

❻放入麻辣鲜露。

❼加入盐、味精，淋入生抽、老抽，拌匀入味。

❽盖上盖，大火煮沸，再用小火煮约30分钟。

❾关火，揭盖，即成川味卤水，备用。

❿汤锅中倒入适量川味卤水，大火煮沸。

⓫放入洗净的田螺。

⓬盖上锅盖，大火煮沸，用小火卤制约15分钟至入味。

⓭取下锅盖，捞出卤好的田螺。

⓮沥干后装入盘中即可。

蔬菜篇

卤汁茄子

制作指导 茄子切开后应放入盐水中浸泡，使其不被氧化，保持茄子的本色。

营养分析 茄子含糖类、维生素、脂肪、蛋白质、钙、磷等成分。茄子的营养素含量在蔬菜中属于中等，但它的维生素E含量却很丰富。维生素E可抗衰老，提高毛细血管抵抗力，防止出血。茄子还含有较多的钾，可调节血压及心脏功能，预防心脏病和中风。

材料 茄子250克，猪骨300克，老鸡肉300克，草果15克，白蔻10克，小茴香2克，红曲米10克，香茅5克，甘草5克，桂皮6克，八角10克，砂仁6克，干沙姜15克，芫荽子5克，丁香3克，罗汉果10克，花椒5克，葱结15克，蒜头10克，肥肉50克，红葱头20克，香菜15克，隔渣袋1个。

调料 盐30克，生抽20毫升，老抽20毫升，鸡粉10克，白糖、食用油各适量。

做法

①锅中加入适量清水，放入洗净的猪骨、鸡肉。

②盖上盖，用大火烧热，煮至沸腾。

③揭开盖，捞去汤中浮沫。

④再盖好盖，转用小火熬煮约1小时。

⑤捞出鸡肉和猪骨，余下的汤料即成上汤。

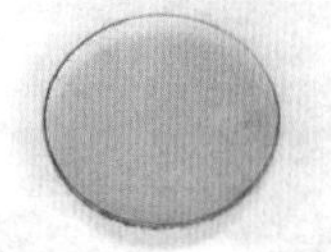

⑥把熬好的上汤盛入容器中备用。

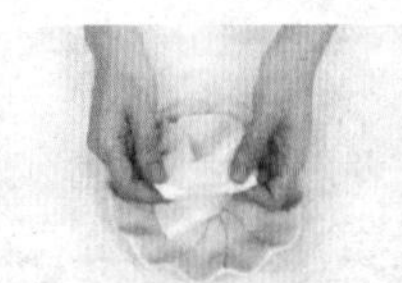

⑦把隔渣袋平放在盘中。

⑧放入香茅、甘草、桂皮、八角、砂仁、干沙姜、芫荽子。

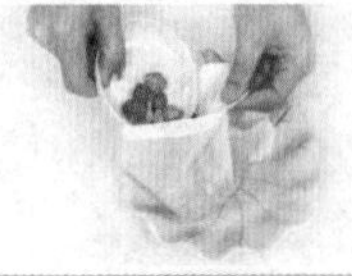

⑨再倒入草果、红曲米、小茴香、白蔻、丁香、罗汉果。

⑩最后放入花椒，收紧袋口，制成香料袋。

⑪炒锅注油烧热，放入洗净的肥肉煎至出油。

⑫倒入蒜头、红葱头、葱结、香菜，大火爆香。

⑬放入白糖，翻炒至白糖熔化。

⑭倒入备好的上汤，盖上锅盖，用大火煮沸。

⑮取下盖子，放入香料袋，转中火煮沸。

⑯加入盐、生抽、老抽、鸡粉拌匀入味。

⑰再盖上锅盖，转小火煮约30分钟。

⑱取下锅盖，挑去葱结、香菜，即成精卤水。

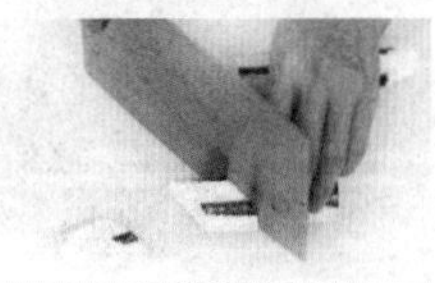

⑲将去皮洗净的茄子切成小段，装在盘中待用。

⑳卤水锅用大火煮沸，放入茄子。

㉑拌煮至沸腾。

㉒盖上锅盖，转小火卤煮约15分钟至入味。

㉓关火，取下锅盖，捞出卤好的茄子。

㉔装入盘中，摆好盘即可。

卤水白萝卜

制作指导 卤制白萝卜时应用小火卤制，并且卤制时间不宜过长，以免白萝卜被煮碎。

营养分析 白萝卜含有能诱导人体自身产生干扰素的多种微量元素。白萝卜富含的维生素C是抗氧化剂，能抑制黑色素合成，阻止脂肪氧化，防止脂肪沉积。白萝卜中还含有大量的植物蛋白、维生素C和叶酸，可洁净血液和皮肤，同时还能降低胆固醇，有利于维持血管弹性。

咸

材料 白萝卜500克，猪骨300克，老鸡肉300克，草果15克，白蔻10克，小茴香2克，红曲米10克，香茅5克，甘草5克，桂皮6克，八角10克，砂仁6克，干沙姜15克，芫荽子5克，丁香3克，罗汉果10克，花椒5克，葱结15克，蒜头10克，肥肉50克，红葱头20克，香菜15克，隔渣袋1个。

调料 盐30克，生抽20毫升，老抽20毫升，鸡粉10克，白糖、食用油各适量。

做法

①锅中加入适量清水，放入洗净的猪骨、鸡肉。

②用小火熬煮约1小时。

③捞出鸡肉和猪骨，余下的汤料即成上汤。

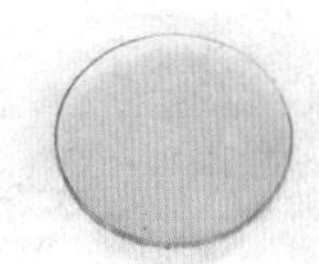

④把熬好的上汤盛入容器中备用。

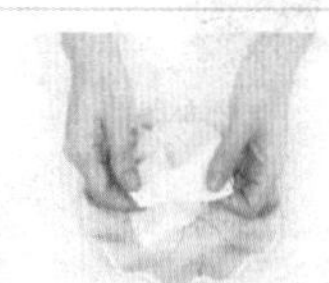

⑤把隔渣袋平放在盘中。

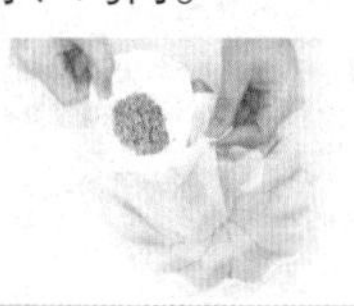

⑥放入香茅、甘草、桂皮、八角、砂仁、干沙姜、芫荽子。

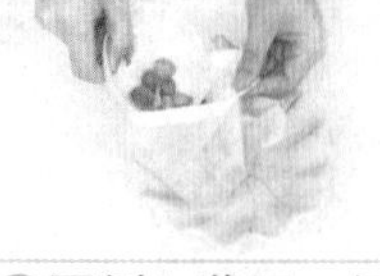

⑦再倒入草果、红曲米、小茴香、白蔻、丁香、罗汉果。

⑧最后放入花椒，收紧袋口，制成香料袋。

⑨炒锅注油烧热，放入洗净的肥肉煎至出油。

⑩倒入蒜头、红葱头、葱结、香菜，大火爆香。

⑪放入白糖，翻炒至白糖熔化。

⑫倒入备好的上汤，盖上锅盖，用大火煮沸。

⑬取下盖子，放入香料袋，转中火煮沸。

⑭加入盐、生抽、老抽、鸡粉，拌匀入味。

⑮再盖上锅盖，转小火煮约30分钟。

⑯取下锅盖，挑去葱结、香菜。

⑰即成精卤水。

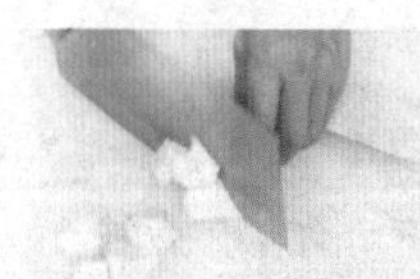

⑱把去皮洗净的白萝卜切成小块。

⑲装在盘中待用。

⑳卤水锅置于火上，烧煮至沸，再放入白萝卜。

㉑盖上锅盖，转小火卤煮约15分钟至白萝卜熟透。

㉒取下锅盖，再拌煮一小会儿至入味。

㉓把卤好的白萝卜捞出。

㉔沥干汁水后装在盘中。

㉕摆好盘即可。

卤水藕片

制作指导 卤制莲藕可根据个人的喜好控制卤制的时间，若喜食较脆的口感，卤制的时间应相应的缩短，另外，卤好的藕一定要放凉后才能切片，如果趁热切容易碎，不易切成片。

营养分析 莲藕含有大量的维生素C和食物纤维，对于有肝病、糖尿病等症的人都十分有益。藕中还含有丰富的丹宁酸，具有收缩血管和止血的作用，对于瘀血、吐血、衄血的人以及孕妇、白血病人极为适合。

材料 莲藕300克，猪骨300克，老鸡肉300克，草果15克，白蔻10克，小茴香2克，红曲米10克，香茅5克，甘草5克，桂皮6克，八角10克，砂仁6克，干沙姜15克，芫荽子5克，丁香3克，罗汉果10克，花椒5克，葱结15克，蒜头10克，肥肉50克，红葱头20克，香菜15克，隔渣袋1个。

调料 盐30克，生抽20毫升，老抽20毫升，鸡粉10克，白糖、食用油各适量。

做法

❶锅中加入适量清水，放入洗净的猪骨、鸡肉。

❷盖上盖，用大火烧热，煮至沸腾。

❸揭开盖，捞去汤中浮沫。

❹再盖好盖，转用小火熬煮约1小时。

❺捞出鸡肉和猪骨，余下的汤料即成上汤。

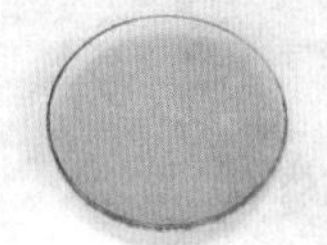

❻把熬好的上汤盛入容器中备用。

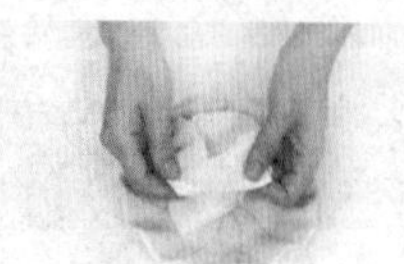

❼把隔渣袋平放在盘中。

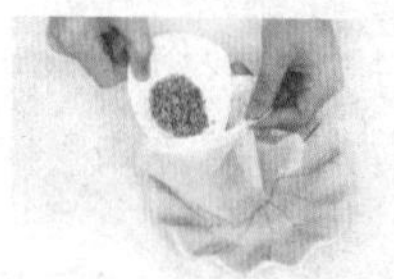

❽放入香茅、甘草、桂皮、八角、砂仁、干沙姜、芫荽子。

❾再倒入草果、红曲米、小茴香、白蔻、丁香、罗汉果。

❿最后放入花椒，收紧袋口，制成香料袋。

⓫炒锅注油烧热，放入洗净的肥肉煎至出油。

⓬倒入蒜头、红葱头、葱结、香菜，大火爆香。

⓭放入白糖，翻炒至白糖熔化。

⓮倒入准备好的上汤。

⓯盖上锅盖，用大火煮沸。

⓰取下盖子，放入香料袋。

⓱盖上盖，转中火煮沸。

⓲加入盐、生抽、老抽、鸡粉，拌匀入味。

⓳再盖上锅盖，转小火煮约30分钟。

⓴取下锅盖，挑去葱结、香菜，即成精卤水。

㉑用大火将精卤水煮沸，放入去皮洗净的莲藕。

㉒加盖，小火卤制20分钟。

㉓揭盖，把卤好的莲藕捞出，晾凉。

㉔把莲藕切片。

㉕将藕片装入盘中，淋上少许卤水即可。

卤土豆

制作指导 土豆皮下的汁液有丰富的蛋白质，所以在给土豆去皮时，只削掉最外面薄薄的一层就可以了，这样能使人体吸收更多的蛋白质。

营养分析 土豆含有丰富的B族维生素，以及大量的优质纤维素，还含有微量元素、氨基酸、蛋白质、脂肪和优质淀粉等营养元素，具有健脾和胃、益气调中、通利大便等功效，对脾胃虚弱、消化不良、肠胃不和、大便不畅有食疗作用。

材料 土豆150克，猪骨300克，老鸡肉300克，草果15克，白蔻10克，小茴香2克，红曲米10克，香茅5克，甘草5克，桂皮6克，八角10克，砂仁6克，干沙姜15克，芫荽子5克，丁香3克，罗汉果10克，花椒5克，葱结15克，蒜头10克，肥肉50克，红葱头20克，香菜15克，隔渣袋1个。

调料 盐30克，生抽20毫升，老抽20毫升，鸡粉10克，白糖、食用油各适量。

做法

❶锅中加入适量清水，放入洗净的猪骨、鸡肉。

❷盖上盖，用大火烧热，煮至沸腾。

❸揭开盖，捞去汤中浮沫。

❹再盖好盖，转用小火熬煮大约1小时。

❺捞出鸡肉和猪骨，余下的汤料即成上汤。

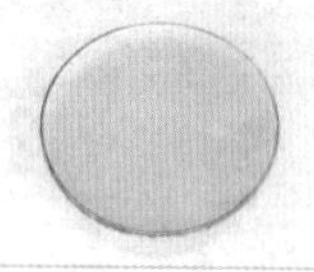

❻把熬好的上汤盛入容器中备用。

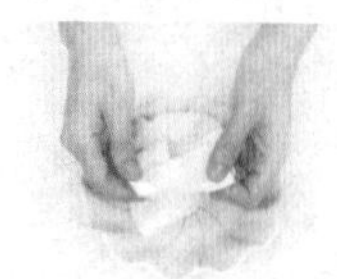

❼把隔渣袋平放在盘中。

❽放入香茅、甘草、桂皮、八角、砂仁、干沙姜、芫荽子。

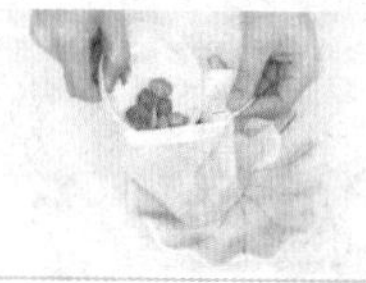

❾再倒入草果、红曲米、小茴香、白蔻、丁香、罗汉果。

❿最后放入花椒，收紧袋口，制成香料袋。

⓫炒锅注油烧热，放入洗净的肥肉煎至出油。

⓬倒入蒜头、红葱头、葱结、香菜，大火爆香。

⓭放入白糖，翻炒至白糖熔化。

⓮倒入准备好的上汤。

⓯盖上锅盖，用大火煮沸。

⓰取下盖子，放入香料袋，转为中火煮沸。

⓱加入盐、生抽、老抽、鸡粉，拌匀入味。

⓲再盖上锅盖，转小火煮大约30分钟。

⓳取下锅盖，挑去葱结、香菜，即成精卤水。

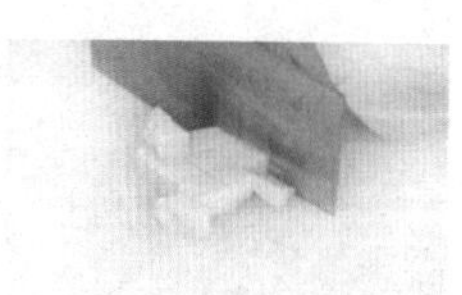

⓴去皮洗净的土豆切成小块。

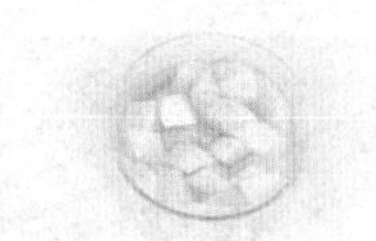

㉑放入装有水的碗中，浸泡，备用。

㉒将炒锅置于大火上，倒入精卤水煮沸，加入土豆。

㉓加盖，用慢火卤制15分钟。

㉔揭盖，把卤好的土豆捞出，晾凉。

㉕将土豆装入盘中，浇上少许卤水即可。

卤芋头

制作指导 芋头质地密实，比较难熟，可根据芋头的大小来调整卤制的时间。如果能够轻易地将筷子插入芋头中，说明芋头已卤熟透，即可将芋头取出食用。

营养分析 芋头富含蛋白质、钙、磷、铁、钾、镁、胡萝卜素和多种维生素等营养成分，其含有的多糖类高分子植物胶体，有很好的止泻作用，并能增强人体的免疫力。此外，芋头含有丰富的氟，具有洁齿防龋、保护牙齿的作用。

材料 小芋头450克，猪骨300克，老鸡肉300克，草果15克，白蔻10克，小茴香2克，红曲米10克，香茅5克，甘草5克，桂皮6克，八角10克，砂仁6克，干沙姜15克，芫荽子5克，丁香3克，罗汉果10克，花椒5克，葱结15克，蒜头10克，肥肉50克，红葱头20克，香菜15克，隔渣袋1个。

调料 盐30克，生抽20毫升，老抽20毫升，鸡粉10克，食用油25毫升，白糖少许。

做法

①锅中加入适量清水，放入洗净的猪骨、鸡肉。

②用小火熬煮约1小时。

③捞出鸡肉和猪骨，余下的汤料即成上汤。

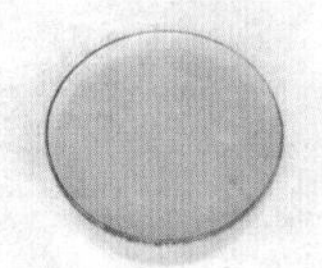

④把熬好的上汤盛入容器中备用。

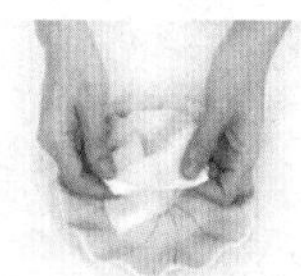

⑤把隔渣袋平放在盘中。

⑥放入香茅、甘草、桂皮、八角、砂仁、干沙姜、芫荽子。

⑦再倒入草果、红曲米、小茴香、白蔻、丁香、罗汉果。

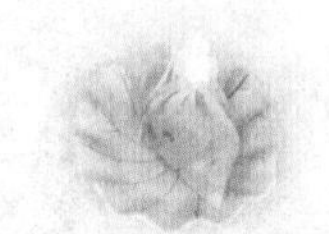

⑧最后放入花椒，收紧袋口，制成香料袋。

⑨炒锅注油烧热，放入洗净的肥肉煎至出油。

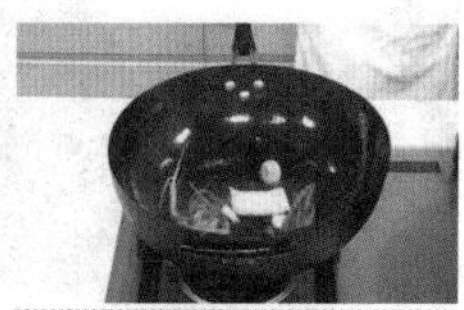

⑩倒入蒜头、红葱头、葱结、香菜，大火爆香。

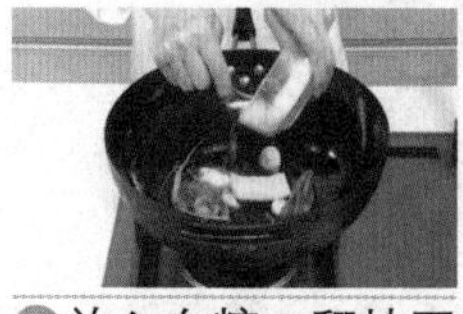

⑪放入白糖，翻炒至白糖熔化。

⑫倒入备好的上汤，盖上锅盖，用大火煮沸。

⑬取下盖子，放入香料袋，转中火煮沸。

⑭加入盐、生抽、老抽、鸡粉，拌匀入味。

⑮再盖上锅盖，转小火煮约30分钟。

⑯取下锅盖，挑去葱结、香菜。

⑰即成精卤水。

⑱卤水锅置于火上，用大火煮沸。

⑲放入去皮洗净的小芋头。

⑳盖上盖，转为小火。

㉑卤制约20分钟至入味。

㉒关火，揭开盖，拌匀浸味。

㉓捞出芋头，沥干卤汁。

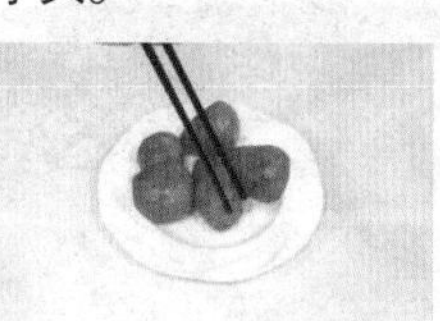

㉔放入盘中即可。

卤花菜

制作指导 花菜装盘后，淋入少许香油，能使花菜味道更加浓郁鲜香。

营养分析 花菜含维生素C较多，含量比大白菜、番茄、芹菜都高，在胃癌、乳腺癌的预防和食疗方面效果尤佳。研究表明，患胃癌时人体血清中硒的含量明显下降，胃液中的维生素C浓度也明显低于正常人，而花菜能给人补充一定量的硒和维生素C，有供给丰富的胡萝卜素，阻止癌前病变细胞的形成，抑制肿瘤生长。

咸

材料 花菜500克，猪骨300克，老鸡肉300克，草果15克，白蔻10克，小茴香2克，红曲米10克，香茅5克，甘草5克，桂皮6克，八角10克，砂仁6克，干沙姜15克，芫荽子5克，丁香3克，罗汉果10克，花椒5克，葱结15克，蒜头10克，肥肉50克，红葱头20克，香菜15克，隔渣袋1个。

调料 盐30克，生抽20毫升，老抽20毫升，鸡粉10克，白糖、食用油各适量。

做法

①锅中加入适量清水，放入洗净的猪骨、鸡肉。

②盖上盖，用大火烧热，煮至沸腾。

③揭开盖，捞去汤中浮沫。

④再盖好盖，转用小火熬煮约1小时。

⑤捞出鸡肉和猪骨，余下的汤料即成上汤。

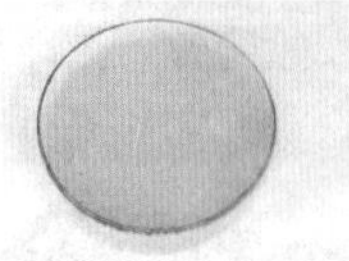

⑥把熬好的上汤盛入容器中备用。

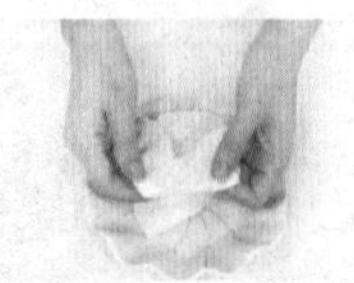

⑦把隔渣袋平放在盘中。

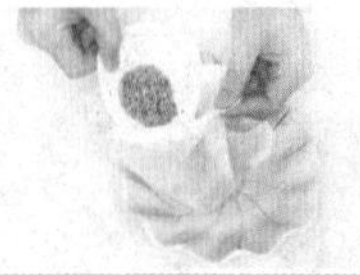

⑧放入香茅、甘草、桂皮、八角、砂仁、干沙姜、芫荽子。

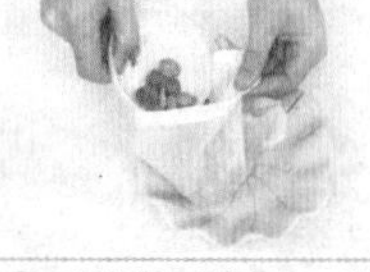

⑨再倒入草果、红曲米、小茴香、白蔻、丁香、罗汉果。

⑩最后放入花椒，收紧袋口，制成香料袋。

⑪炒锅注油烧热，放入洗净的肥肉煎至出油。

⑫倒入蒜头、红葱头、葱结、香菜，大火爆香。

⑬放入白糖，翻炒至白糖熔化。

⑭倒入准备好的上汤。

⑮盖上锅盖，用大火煮沸。

⑯取下盖子，放入香料袋，转中火煮沸。

⑰加入盐、生抽、老抽、鸡粉，拌匀入味。

⑱再盖上锅盖，转小火煮约30分钟。

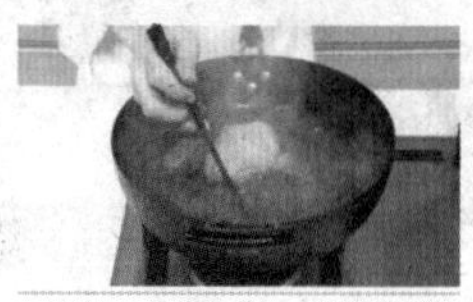

⑲取下锅盖，挑去葱结、香菜。

⑳即成精卤水，关火，盛出备用。

㉑将洗净的花菜切成小块。

㉒将炒锅置于大火上，倒入精卤水煮沸，加入花菜。

㉓加盖，大火烧开，用小火卤制10分钟。

㉔揭盖，把卤好的花菜捞出，晾凉。

㉕将花菜装入盘中即可。

卤花生

制作指导 因为花生带壳较难入味，所以在煮花生时可以多放些盐，这样更易入味。

营养分析 花生含有丰富的维生素E和一定量的锌，能增强记忆，抗老化，延缓脑功能衰退，滋润皮肤；花生含有的维生素C具有降低胆固醇的作用，有助于防治动脉硬化、高血压和冠心病；花生含有的微量元素硒可以防治肿瘤类疾病，同时也是降低血小板聚集、防治动脉粥样硬化、心脑血管疾病的预防剂。

材料 带壳花生200克，猪骨300克，老鸡肉300克，草果15克，白蔻10克，小茴香2克，红曲米10克，香茅5克，甘草5克，桂皮6克，八角10克，砂仁6克，干沙姜15克，芫荽子5克，丁香3克，罗汉果10克，花椒5克，葱结15克，蒜头10克，肥肉50克，红葱头20克，香菜15克，隔渣袋1个。

调料 盐30克，生抽20毫升，老抽20毫升，鸡粉10克，白糖、食用油各适量。

做法

❶锅中加入适量清水，放入洗净的猪骨、鸡肉。

❷盖上盖，用大火烧热，煮至沸腾。

❸揭开盖，捞去汤中浮沫。

❹再盖好盖，转用小火熬煮大约1小时。

❺捞出鸡肉和猪骨，余下的汤料即成上汤。

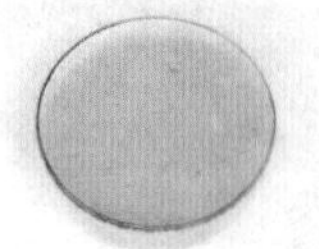

❻把熬好的上汤盛入容器中备用。

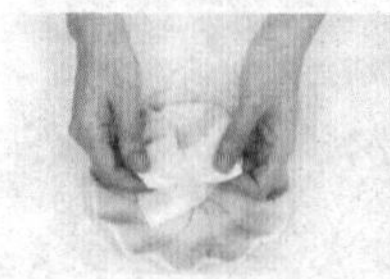

❼把隔渣袋平放在盘中。

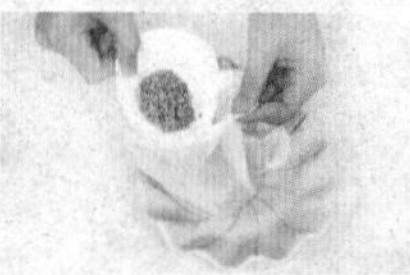

❽放入香茅、甘草、桂皮、八角、砂仁、干沙姜、芫荽子。

❾再倒入草果、红曲米、小茴香、白蔻、丁香、罗汉果。

❿最后放入花椒，收紧袋口，制成香料袋。

⓫炒锅注油烧热，放入洗净的肥肉煎至出油。

⓬倒入蒜头、红葱头、葱结、香菜，大火爆香。

⓭放入白糖，翻炒至白糖熔化。

⓮倒入准备好的上汤。

⓯盖上锅盖，用大火煮沸。

⓰取下盖子，放入香料袋。

⓱盖上盖，转中火煮沸。

⓲加入盐、生抽、老抽、鸡粉，拌匀入味。

⓳再盖上锅盖，转小火煮约30分钟。

⓴取下锅盖，挑去葱结、香菜。

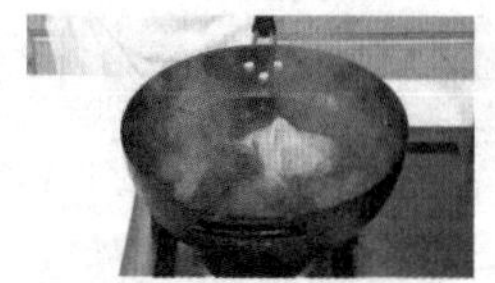

㉑即成精卤水。

㉒把洗净的花生放进煮沸的卤水锅中，搅拌匀。

㉓盖上盖，小火卤制20分钟。

㉔揭盖，把卤好的花生捞出。

㉕装入盘中即可。

卤海带

制作指导 将海带放在沸水中焯烫时，放点白醋不仅可以去除海带的腥味，还能够去除海带所含的黏液，使煮熟的海带爽口不黏糊。

营养分析 海带中含有大量的碘。碘可以刺激垂体，使女性体内雌激素水平降低，恢复卵巢的正常机能，纠正内分泌失调，消除乳腺增生的隐患。碘还是体内合成甲状腺素的主要原料，而头发的光泽就是由体内甲状腺素发挥作用而形成的，所以多吃海带可以使头发充满光泽。

咸

材料 海带500克，猪骨300克，老鸡肉300克，草果15克，白蔻10克，小茴香2克，红曲米10克，香茅5克，甘草5克，桂皮6克，八角10克，砂仁6克，干沙姜15克，芫荽子5克，丁香3克，罗汉果10克，花椒5克，葱结15克，蒜头10克，肥肉50克，红葱头20克，香菜15克，隔渣袋1个。

调料 盐30克，生抽20毫升，老抽20毫升，鸡粉10克，白糖、白醋、食用油各适量。

做法

①锅中加入适量清水，放入洗净的猪骨、鸡肉。

②小火熬煮大约1小时。

③捞出鸡肉和猪骨，余下的汤料即成上汤。

④把熬好的上汤盛入容器中备用。

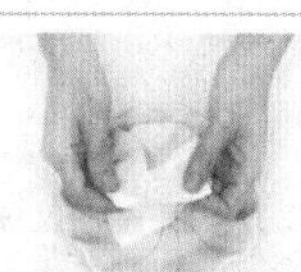

⑤把隔渣袋平放在盘中。

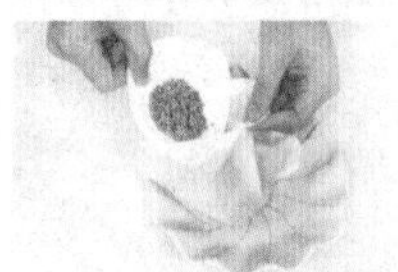

⑥放入香茅、甘草、桂皮、八角、砂仁、干沙姜、芫荽子。

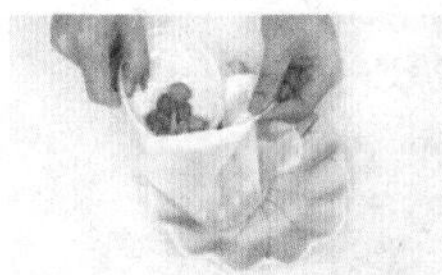

⑦再倒入草果、红曲米、小茴香、白蔻、丁香、罗汉果。

⑧最后放入花椒，收紧袋口，制成香料袋。

⑨炒锅注油烧热，放入洗净的肥肉煎至出油。

⑩倒入蒜头、红葱头、葱结、香菜，大火爆香。

⑪放入白糖，翻炒至白糖熔化。

⑫倒入备好的上汤，盖上锅盖，用大火煮沸。

⑬取下盖子，放入香料袋，转中火煮沸。

⑭加入盐、生抽、老抽、鸡粉，拌匀入味。

⑮再盖上锅盖，转小火煮约30分钟。

⑯取下锅盖，挑去葱结、香菜，即成精卤水。

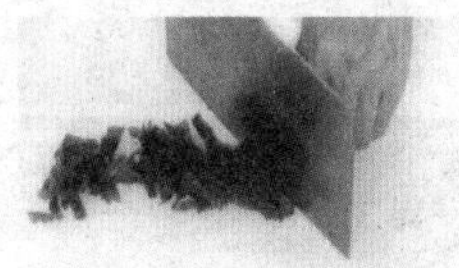

⑰将洗净的海带切成丝，入盘中备用。

⑱另起一锅，加入适量清水烧开，加少许白醋。

⑲倒入海带，用大火煮沸。

⑳把焯过水的海带丝捞出，备用。

㉑将卤水锅置火上，煮沸，放入海带。

㉒加盖，慢火卤8分钟。

㉓揭盖，把卤好的海带捞出。

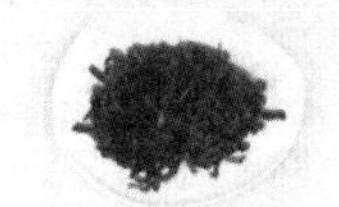

㉔装入盘中即可。

卤玉米棒

制作指导 玉米烹煮的时间越长其抗衰老的作用越显著，所以，卤煮玉米时可以适当地多煮一段时间。

营养分析 玉米含蛋白质、糖类、钙、磷、铁、硒、镁、胡萝卜素、维生素E等多种营养成分，具有开胃益智、宁心活血、调理中气等功效。玉米含有的大量的镁可加强肠壁蠕动，常吃玉米可促进机体内废物的排泄，对于减肥非常有利。

材料 玉米棒600克，猪骨300克，老鸡肉300克，草果15克，白蔻10克，小茴香2克，红曲米10克，香茅5克，甘草5克，桂皮6克，八角10克，砂仁6克，干沙姜15克，芫荽子5克，丁香3克，罗汉果10克，花椒5克，葱结15克，蒜头10克，肥肉50克，红葱头20克，香菜15克，隔渣袋1个。

调料 盐30克，生抽20毫升，老抽20毫升，鸡粉10克，食用油25毫升，白糖少许。

做法

①锅中加入适量清水，放入洗净的猪骨、鸡肉。

②用小火熬煮约1小时。

③捞出鸡肉和猪骨，余下的汤料即成上汤。

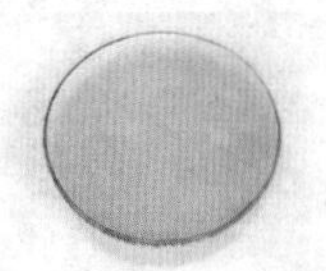

④把熬好的上汤盛入容器中备用。

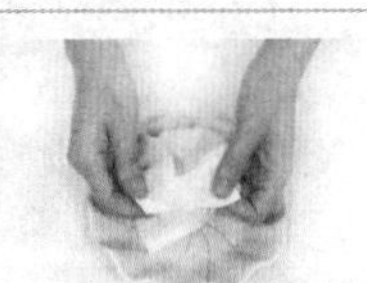

⑤把隔渣袋平放在盘中。

⑥放入香茅、甘草、桂皮、八角、砂仁、干沙姜、芫荽子。

⑦再倒入草果、红曲米、小茴香、白蔻、丁香、罗汉果。

⑧最后放入花椒，收紧袋口，制成香料袋。

⑨炒锅注油烧热，放入洗净的肥肉煎至出油。

⑩倒入蒜头、红葱头、葱结、香菜，大火爆香。

⑪放入白糖，翻炒至白糖熔化。

⑫倒入备好的上汤，盖上锅盖，用大火煮沸。

⑬取下盖子，放入香料袋，转中火煮沸。

⑭加入盐、生抽、老抽、鸡粉，拌匀入味。

⑮再盖上锅盖，转小火煮约30分钟。

⑯取下锅盖，挑去葱结、香菜。

⑰即成精卤水。

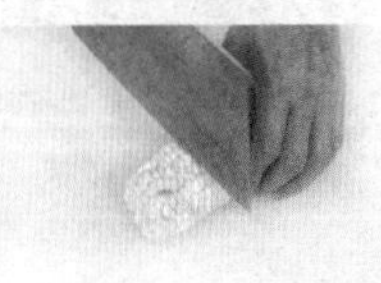

⑱把洗净的玉米棒斩成小件。

⑲放入盘中待用。

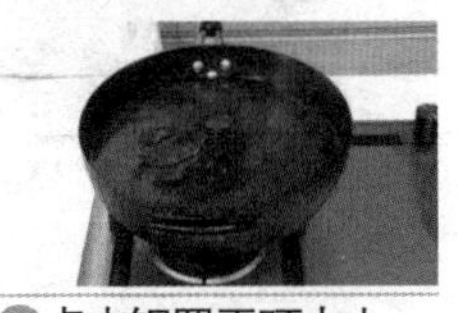

⑳卤水锅置于旺火上。

㉑煮沸后放入切好的玉米棒。

㉒盖上锅盖，转用小火，卤制约20分钟至玉米棒入味。

㉓关火，揭开盖，捞出卤好的玉米棒。

㉔沥干卤汁，放入盘中即成。

卤魔芋

制作指导 生魔芋有毒，必须煮3小时以上才可使用。但本道菜所使用的魔芋是加工过的食物，因此无需煮制太长时间。

营养分析 魔芋是一种低热量、低蛋白质、高膳食纤维的食品。魔芋所含的黏液蛋白能减少体内胆固醇的积累，预防动脉硬化和防治心脑血管疾病。常食魔芋能提高机体免疫力，其所含的甘露糖酐对癌细胞代谢有干扰作用。

材料 魔芋500克，猪骨300克，老鸡肉300克，草果15克，白蔻10克，小茴香2克，红曲米10克，香茅5克，甘草5克，桂皮6克，八角10克，砂仁6克，干沙姜15克，芫荽子5克，丁香3克，罗汉果10克，花椒5克，葱结15克，蒜头10克，肥肉50克，红葱头20克，香菜15克，隔渣袋1个。

调料 盐30克，生抽20毫升，老抽20毫升，鸡粉10克，白糖、食用油各适量。

做法

❶锅中加入适量清水，放入洗净的猪骨、鸡肉。

❷盖上盖，用大火烧热，煮至沸腾。

❸揭开盖，捞去汤中浮沫。

❹盖上盖，转用小火熬煮约1小时。

❺捞出鸡肉和猪骨，余下的汤料即成上汤。

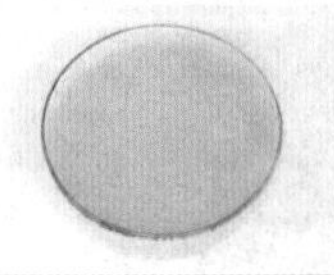

❻把熬好的上汤盛入容器中备用。

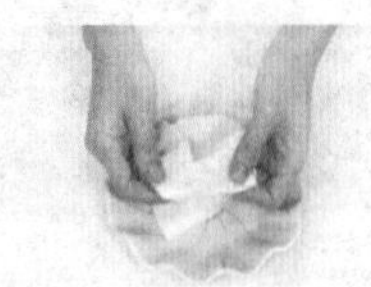

❼把隔渣袋平放在盘中。

❽放入香茅、甘草、桂皮、八角、砂仁、干沙姜、芫荽子。

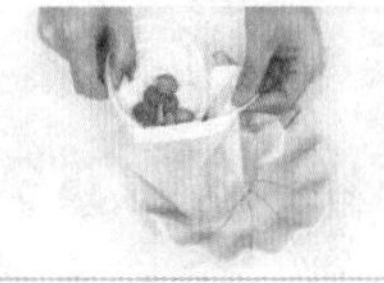

❾再倒入草果、红曲米、小茴香、白蔻、丁香、罗汉果。

❿最后放入花椒，收紧袋口，制成香料袋。

⓫炒锅注油烧热，放入洗净的肥肉煎至出油。

⓬倒入蒜头、红葱头、葱结、香菜，大火爆香。

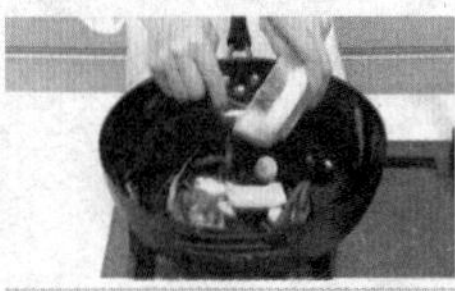

⓭放入白糖，翻炒至白糖熔化。

⓮倒入备好的上汤，盖上锅盖，用大火煮沸。

⓯取下盖子，放入香料袋，转为中火煮沸。

⓰加入盐、生抽、老抽、鸡粉，拌匀入味。

⓱再盖上锅盖，转小火煮约30分钟。

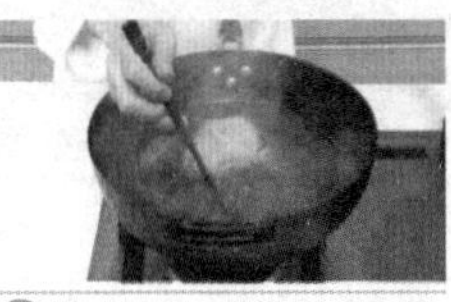

⓲取下锅盖，挑去葱结、香菜，即成精卤水。

⓳把洗净的魔芋沥干水分，放在盘中。

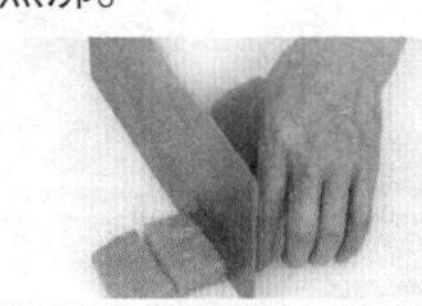

⓴再切成粗条，改成小方块。

㉑卤水锅用大火煮沸，倒入魔芋。

㉒加上锅盖，煮沸后用小火卤约15分钟至熟。

㉓揭开锅盖，再拌煮一小会儿至入味。

㉔用漏勺捞出卤好的魔芋。

㉕装在盘中即可。

卤豆芽

制作指导 可以在卤水中加少量食醋，这样能保持黄豆芽中的维生素B_2不减少。

营养分析 黄豆芽含有丰富的蛋白质，还含有钙、磷、铁等多种矿物质，以及多种维生素。与黄豆一样，黄豆芽也有滋润清热、利尿解毒之效。有因热症导致口干舌燥、咽喉疼痛的患者食用，能起到清肺热、除黄痰、滋润内脏之功效。

材料 黄豆芽300克，红椒丝少许，猪骨300克，老鸡肉300克，草果15克，白蔻10克，小茴香2克，红曲米10克，香茅5克，甘草5克，桂皮6克，八角10克，砂仁6克，干沙姜15克，芫荽子5克，丁香3克，罗汉果10克，花椒5克，葱结15克，蒜头10克，肥肉50克，红葱头20克，香菜15克，隔渣袋1个。

调料 盐30克，生抽20毫升，老抽20毫升，鸡粉10克，白糖、食用油各适量。

做法

❶锅中加入适量清水，放入洗净的猪骨、鸡肉。

❷盖上盖，用大火烧热，煮至沸腾。

❸揭开盖，捞去汤中浮沫。

❹再盖好盖，转用小火熬煮约1小时。

❺捞出鸡肉和猪骨，余下的汤料即成上汤。

❻把熬好的上汤盛入容器中备用。

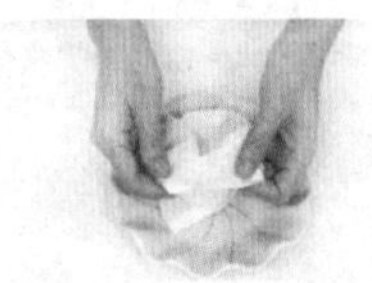
❼把隔渣袋平放在盘中。

❽放入香茅、甘草、桂皮、八角、砂仁、干沙姜、芫荽子。

❾再倒入草果、红曲米、小茴香、白蔻、丁香、罗汉果。

❿最后放入花椒，收紧袋口，制成香料袋。

⓫炒锅注油烧热，放入洗净的肥肉煎至出油。

⓬倒入蒜头、红葱头、葱结、香菜，大火爆香。

⓭放入白糖，翻炒至白糖熔化。

⓮倒入准备好的上汤。

⓯盖上锅盖，用大火煮沸。

⓰取下盖子，放入香料袋。

⓱盖上盖，转中火煮沸。

⓲加入盐、生抽、老抽、鸡粉，拌匀入味。

⓳再盖上锅盖，转小火煮约30分钟。

⓴取下锅盖，挑去葱结、香菜。

㉑即成精卤水。关火，备用。

㉒另起一锅，倒入精卤水煮沸，放入洗净的黄豆芽。

㉓将黄豆芽搅散后加盖，小火卤制15分钟。

㉔揭盖，把卤好的黄豆芽捞出装盘。

㉕在黄豆芽上撒上红椒丝即可。

香卤豆干

制作指导 如果喜欢味道较重的卤豆干，可以等卤汤变凉以后，再捞出豆干切条。

营养分析 豆干中含有丰富的蛋白质、维生素A、B族维生素和多种矿物质，还含有人体必需的8种氨基酸，营养价值较高。豆干质韧而柔、味咸鲜爽，闻之清香，食来细腻，具有益气宽中、生津润燥、清热解毒、调和脾胃等功效。

材料 豆干200克，猪骨300克，老鸡肉300克，草果15克，白蔻10克，小茴香2克，红曲米10克，香茅5克，甘草5克，桂皮6克，八角10克，砂仁6克，干沙姜15克，芫荽子5克，丁香3克，罗汉果10克，花椒5克，葱结15克，蒜头10克，肥肉50克，红葱头20克，香菜15克，隔渣袋1个。

调料 盐30克，生抽20毫升，老抽20毫升，鸡粉10克，白糖、食用油各适量。

做法

①锅中加入适量清水，放入洗净的猪骨、鸡肉。

②盖上盖，用大火烧热，煮至沸腾。

③揭开盖，捞去汤中浮沫。

④再盖好盖，转用小火熬煮大约1小时。

⑤捞出鸡肉和猪骨，余下的汤料即成上汤。

⑥把熬好的上汤盛入容器中备用。

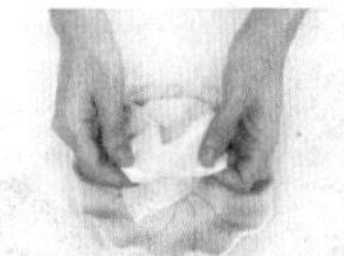
⑦把隔渣袋平放在盘中。

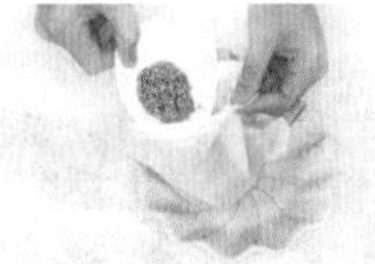
⑧放入香茅、甘草、桂皮、八角、砂仁、干沙姜、芫荽子。

⑨再倒入草果、红曲米、小茴香、白蔻、丁香、罗汉果。

⑩最后放入花椒，收紧袋口，制成香料袋。

⑪炒锅注油烧热，放入洗净的肥肉煎至出油。

⑫倒入蒜头、红葱头、葱结、香菜，大火爆香。

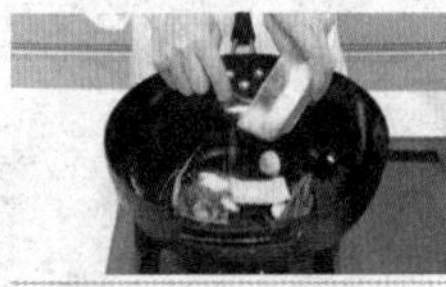
⑬放入白糖，翻炒至白糖熔化。

⑭倒入准备好的上汤。

⑮盖上锅盖，用大火煮沸。

⑯取下盖子，放入香料袋，转中火煮沸。

⑰加入盐、生抽、老抽、鸡粉，拌匀入味。

⑱再盖上锅盖，转小火煮约30分钟。

⑲取下锅盖，挑去葱结、香菜，即成精卤水。

⑳将精卤水煮沸，放入豆干。

㉑加盖，用小火卤制15分钟。

㉒揭盖，把卤好的豆干捞出，放入盘中晾凉。

㉓把豆干切成条。

㉔将切好的豆干条装入盘中。

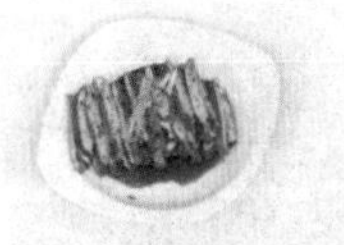
㉕浇上少许卤水即可。

卤香菇

营养分析 香菇含有丰富的维生素D，能促进钙、磷的消化吸收，有助于骨骼和牙齿的发育。香菇具有补肝肾、健脾胃、益智安神、美容养颜之功效。香菇还含有30多种酶，能起到抑制胆固醇升高和降低血压的作用。

制作指导 洗香菇时，把香菇泡在水里，使其根部朝下，然后用筷子轻轻敲打，使藏在香菇菌褶里的泥沙掉入水中，这样既能轻松地将香菇清洗干净，又可以保留香菇完整的形状。

咸

材料 鲜香菇250克，猪骨300克，老鸡肉300克，草果15克，白蔻10克，小茴香2克，红曲米10克，香茅5克，甘草5克，桂皮6克，八角10克，砂仁6克，干沙姜15克，芫荽子5克，丁香3克，罗汉果10克，花椒5克，葱结15克，蒜头10克，肥肉50克，红葱头20克，香菜15克，隔渣袋1个。

调料 盐30克，生抽20毫升，老抽20毫升，鸡粉10克，白糖、食用油各适量。

做法

①锅中加入适量清水，放入洗净的猪骨、鸡肉。

②再盖好盖，转用小火熬煮约1小时。

③捞出鸡肉和猪骨，余下的汤料即成上汤。

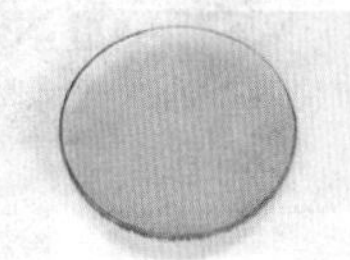

④把熬好的上汤盛入容器中备用。

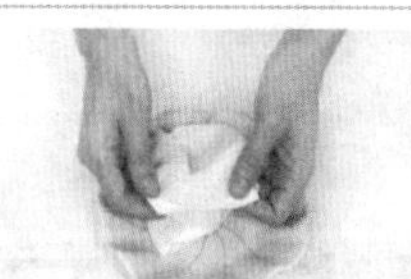

⑤把隔渣袋平放在盘中。

⑥放入香茅、甘草、桂皮、八角、砂仁、干沙姜、芫荽子。

⑦再倒入草果、红曲米、小茴香、白蔻、丁香、罗汉果。

⑧最后放入花椒，收紧袋口，制成香料袋。

⑨炒锅注油烧热，放入洗净的肥肉煎至出油。

⑩倒入蒜头、红葱头、葱结、香菜，大火爆香。

⑪放入白糖，翻炒至白糖熔化。

⑫倒入准备好的上汤。

⑬盖上锅盖，用大火煮沸。

⑭取下盖子，放入香料袋。

⑮盖上盖，转中火煮沸。

⑯加入盐、生抽、老抽、鸡粉，拌匀入味。

⑰再盖上锅盖，转小火煮约30分钟。

⑱取下锅盖，挑去葱结、香菜，即成精卤水。

⑲将洗净的香菇切去根部，然后切成块。

⑳装在盘中备用。

㉑卤水锅置于火上，用大火煮至沸，放入切好的香菇。

㉒拌匀，用大火煮至沸。

㉓盖上盖，用小火卤10分钟至入味。

㉔关火，取下锅盖，取出卤好的香菇。

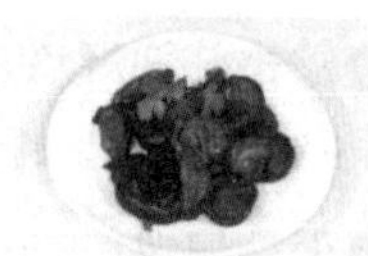

㉕沥干水分，放在盘中，摆好盘即成。

卤木耳

材料 水发木耳250克，猪骨300克，老鸡肉300克，草果15克，白蔻10克，小茴香2克，红曲米10克，香茅5克，甘草5克，桂皮6克，八角10克，砂仁6克，干沙姜15克，芫荽子5克，丁香3克，罗汉果10克，花椒5克，葱结15克，蒜头10克，肥肉50克，红葱头20克，香菜15克，隔渣袋1个。

调料 盐30克，生抽20毫升，老抽20毫升，鸡粉10克，白糖、食用油各适量。

做法

1. 锅中加入适量清水，放入洗净的猪骨、鸡肉。
2. 盖上盖，用大火烧热，煮至沸腾，揭开盖，捞去汤中浮沫。
3. 再盖好盖，转用小火熬煮约1小时；捞出鸡肉和猪骨，余下的汤料即成上汤，盛出，备用。
4. 把隔渣袋平放在盘中，放入香茅、甘草、桂皮、八角、砂仁、干沙姜、芫荽子，再倒入草果、红曲米、小茴香、白蔻、丁香、罗汉果。
5. 最后放入花椒，收紧袋口，制成香料袋。
6. 炒锅注油烧热，放入洗净的肥肉煎至出油，倒入蒜头、红葱头、葱结、香菜，大火爆香。
7. 放入白糖，翻炒至白糖熔化。
8. 倒入备好的上汤，盖上锅盖，用大火煮沸，取下盖子，放入香料袋，转中火煮沸。
9. 加入盐、生抽、老抽、鸡粉，拌匀入味，再盖上锅盖，转小火煮约30分钟；揭锅盖，挑去葱结、香菜，即成精卤水。
10. 将木耳洗净，切小块，装入盘中备用。
11. 另起一锅，倒入精卤水煮沸，放入木耳、鸡粉，拌匀。
12. 加盖，用小火卤制15分钟，揭盖，把卤好的木耳捞出，装盘即可。

小提示

水发的木耳如果有紧缩在一起的部分，要撕开，再进行卤制。

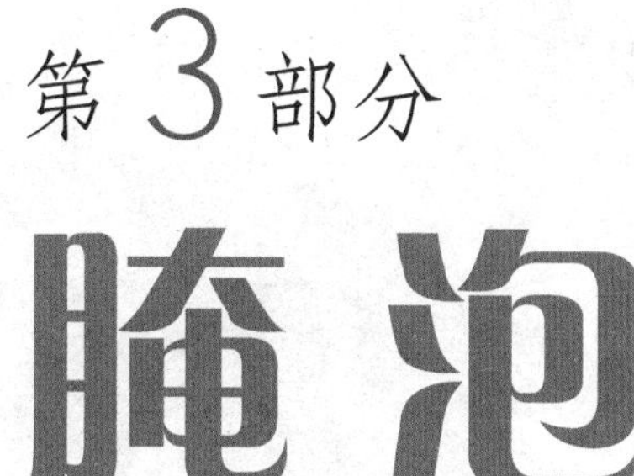

第3部分 腌泡

腌泡是前人传下来最简单、最天然的食物保存方法，是可以多元应用的料理元素，是现代人只要用最简单的调味品就能在家自制的酿渍极品。

腌泡是把多种新鲜蔬果浸泡在加有多种调味料和香料的盐水中，经发酵制作而成的。腌泡菜不仅保持了新鲜蔬菜原有的色泽，还在口感上比新鲜蔬菜更爽脆。而且可以根据个人的喜好，调节辣、咸、甜、酸的程度。

家常风味腌泡菜

香辣白菜条

材料 大白菜200克，红椒20克，干辣椒、辣椒粉、葱末各少许。

调料 白醋50毫升，盐30克，白酒15毫升。

做法

1. 大白菜洗净，把梗、菜叶切成条。
2. 红椒去蒂洗净，先切成段，再切成丝。
3. 把红椒丝、葱末、干辣椒、辣椒粉、白醋、盐、适量矿泉水倒入碗中，再倒入大白菜。
4. 将大白菜与配料搅拌均匀。
5. 将大白菜转到玻璃罐中，压紧压实，倒入剩余泡汁。
6. 在玻璃罐中加少许白酒。
7. 盖上瓶盖，在室温下密封7天。
8. 将腌好的泡菜取出即可。

小提示 烂白菜不能食用，因其含亚硝胺，易致癌。

开胃茄子泡菜

材料 茄子300克，韭菜80克，蒜头30克，葱10克。

调料 盐25克，糖15克，白醋10毫升，辣椒面6克。

做法

1. 将洗净去皮的茄子切小块儿，泡在清水中，以免变色发黄。
2. 再把洗好的韭菜、葱均切成约2厘米长的段儿。
3. 将茄子捞出沥干，加盐、糖拌匀。
4. 放入蒜头、辣椒粉拌匀。
5. 再放入韭菜、葱，加入白醋，再倒入400毫升矿泉水，充分搅拌均匀。
6. 将拌好的材料装入罐子。
7. 加盖密封5天。
8. 泡菜制成，取出即可食用。

营养分析 韭菜中的含硫化合物具有降血脂及扩张血脉的作用。

小提示 茄子切开后于盐水中浸泡，能保持茄子的本色。

辣味豆角泡菜

材料 豆角100克，红椒片20克，蒜片、姜丝各10克，干辣椒7克。

调料 白醋30毫升，盐20克，白酒10毫升。

做法

1. 豆角洗净，切成段。
2. 取一只碗，将豆角倒入碗中。
3. 将盐、白酒倒入碗中与豆角一起拌匀。
4. 在豆角中倒入红椒、蒜、姜、干辣椒，搅拌均匀。
5. 把适量矿泉水、白醋倒入豆角中，拌匀。
6. 将豆角转入玻璃罐中。
7. 盖上瓶盖，在室温下密封7天。
8. 将腌好的泡菜取出即可。

营养分析 豆角中所含B族维生素能促进肠胃蠕动、平衡胆碱酯酶活性，帮助消化、增进食欲。李时珍认为豆角能“理中益气、补肾健胃、和五脏、调营卫、生精髓”。

小提示 豆角焯水加少许盐和油，可使豆角颜色更绿。

麻辣泡凤爪

材料 凤爪500克，泡椒30克，朝天椒20克，花椒少许。

调料 调料白酒10毫升，盐、花椒油、白醋、白糖、辣椒油各适量。

做法

1. 锅中倒入适量清水，放入洗净的凤爪。盖上锅盖，大火烧开，转中火煮约5分钟。
2. 揭盖，倒入盐和白酒，加盖再煮5分钟。
3. 凤爪煮熟后，取出放凉。
4. 将凤爪尖切去后对半斩成小件。
5. 将凤爪和盐、花椒油、白醋、白糖、辣椒油、洗好的朝天椒、花椒、泡椒拌匀。
6. 将泡好的凤爪转入玻璃罐中。
7. 盖上瓶盖，室温下密封约7天。
8. 将腌制好的凤爪取出即可。

小提示

花椒切细后拌入碗中，可使腌好的菜味道更好。

绝味泡双椒

材料 红椒、杭椒各100克，洋葱60克，蒜头20克。

调料 盐20克，糖15克，白酒15毫升，白醋10毫升。

做法

1. 将洗好的红椒切成约2厘米长的段儿。
2. 洗净的杭椒也切成约2厘米长的段儿。
3. 再把已去皮洗净的洋葱切成片儿。
4. 把双椒放入容器中，加入盐、白糖拌匀。
5. 再放入洋葱、蒜头，加入白醋、白酒，再倒入300毫升矿泉水，用筷子充分拌匀。
6. 将拌好的材料装入玻璃罐中。
7. 盖上盖子，拧紧，置于阴凉处浸泡7天。
8. 泡菜制成，取出食用即可。

营养分析 青椒含有辣椒素及维生素A、维生素C等多种营养物质，能增强人的体力，缓解因工作、生活压力造成的疲劳。此外，其特有的味道和所含的辣椒素能刺激唾液和胃液分泌，能增进食欲。

小提示 患有眼疾、眼部充血时，不宜切洋葱。

辣味胡萝卜泡菜

材料 胡萝卜100克，青椒、红椒、生姜各20克，八角、花椒各少许。

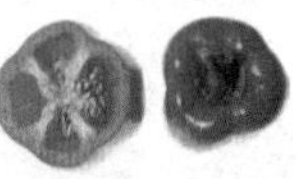

调料 盐20克，白酒10毫升，生抽5毫升。

做法

1. 胡萝卜去皮洗净切小块；生姜洗净切片。
2. 青椒、红椒去蒂洗净，先对半切开，再切成片，备用。
3. 取一只碗，倒入胡萝卜，把盐、白酒、八角、花椒加入碗中，搅拌均匀。
4. 将青椒、姜片、红椒倒入胡萝卜中拌匀。
5. 在胡萝卜中加入适量矿泉水。
6. 将拌好的胡萝卜转入玻璃罐中，加入少许生抽拌匀。
7. 盖上瓶盖，在室温下密封7天。
8. 将腌好的泡菜取出即可。

营养分析 胡萝卜中富含糖类、脂肪、蛋白质、碳水化合物、维生素，对夜盲、百日咳、麻痹、小儿营养不良等症都有较好的食疗作用。

小提示 胡萝卜以体形圆直、表皮光滑、色泽橙红为佳。

酸辣小黄瓜泡菜

材料 小黄瓜150克，干辣椒、辣椒面各4克。

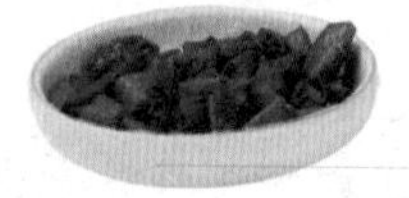

调料 白醋30毫升，盐20克。

做法

1. 小黄瓜洗净，先切瓣，再切成小段。
2. 把切好的小黄瓜装入碗中，加入盐，搅拌均匀。
3. 将白醋倒入小黄瓜中，拌匀。
4. 在小黄瓜中加入辣椒面、干辣椒，搅拌均匀。
5. 将适量矿泉水加入拌好的小黄瓜中，搅拌。
6. 把小黄瓜转入玻璃罐中。
7. 盖上瓶盖，在室温下密封5天。
8. 将腌好的泡菜取出即可。

营养分析 黄瓜的主要成分为葫芦素，具有抗肿瘤的作用，对降血糖也有很好的作用。黄瓜还含有维生素B_1和维生素B_2，可以防止口角炎、唇炎，还可润滑肌肤。

小提示

黄瓜尾部含有较多的苦味素是排毒养颜的物质。

黄豆芽泡菜

材料 黄豆芽100克，大蒜25克，韭菜50克，小葱15克，朝天椒15克，白酒50克。

调料 盐、白醋各适量。

做法

1. 处理好的小葱切段。
2. 朝天椒洗净，拍破。
3. 韭菜洗净，切段；大蒜拍破。
4. 豆芽加盐拌匀，用清水洗净。
5. 玻璃罐倒入白酒，加温水，再加入盐、白醋拌匀。
6. 加朝天椒、大蒜、黄豆芽、韭菜、葱段。
7. 加盖密封一天一夜。
8. 泡菜制成，取出即可。

营养分析 黄豆芽的蛋白质利用率较高，黄豆芽还有滋润清热、利尿解毒之功效，还能保护皮肤和毛细血管，预防小动脉硬化、高血压。吃黄豆芽对青少年生长发育、预防贫血等大有好处。

小提示 材料装罐后应注意检查是否密封好，以免变质。

莴笋泡菜

材料 莴笋300克，干辣椒7克。

调料 盐30克，红糖10克。

做法

1. 莴笋去皮洗净，滚刀切块。
2. 取一大碗，将莴笋倒入碗中。
3. 在碗中加入少许盐、干辣椒。
4. 把红糖倒入碗中。
5. 将莴笋与调料在碗中搅匀。
6. 将拌好的莴笋转入玻璃罐。
7. 盖上瓶盖，在室温下密封3天。
8. 将腌好的泡菜取出即可。

营养分析 莴笋能增强肝脏功能，有助于抵御风湿性疾病的痛风。夏季吃莴笋有清凉降火的作用，可以消暑止渴。

小提示 莴笋应现买现食，在冷藏条件下保存不宜超过1周。

泡鲜蔬四味

材料 韭菜花150克，花菜100克，红椒30克，大蒜20克。

调料 盐25克，白酒10毫升。

做法

1. 韭菜花洗净，切成小段，备用。
2. 花菜洗净切瓣；红椒洗净切圈，备用。
3. 锅中加入适量清水烧开，倒入花菜煮约2分钟，捞出沥干。
4. 将花菜盛入碗中，加入盐、红椒、少许白酒，搅拌均匀。
5. 把韭菜花拌入花菜中，加入适量矿泉水、大蒜，搅拌均匀。
6. 把所有材料转入玻璃罐中。
7. 盖上瓶盖，在室温下密封约3天。
8. 将腌好的泡菜取出即可。

营养分析 花菜含有丰富的类黄酮，常吃花菜还可以增强肝脏的解毒能力。

小提示 花菜放入盐水中泡几分钟有助于去除残留农药。

开胃酸笋丝

材料 冬笋150克。

调料 盐25克，白醋15毫升。

做法

1. 将洗净的冬笋先切薄片，然后改切成丝。
2. 将切好的冬笋丝放入碗中。
3. 加入盐，抓匀，腌渍10分钟入味。
4. 将腌好的冬笋丝用清水洗干净，取出，挤干水分，然后装入干净的玻璃罐中。
5. 再加入少许盐。
6. 再放入白醋拌匀。
7. 加上盖，置于干燥阴凉处密封2天。
8. 揭盖，取出制作好的笋丝即可。

营养分析 冬笋质嫩味鲜，清脆爽口，含有蛋白质和多种氨基酸、维生素，还富含钙、磷、铁等微量元素以及丰富的纤维素，能促进肠道蠕动，既有助于消化，又能预防便秘和结肠癌的发生。

小提示 冬笋含有草酸，腌前可用淡盐水先焯水除酸涩。

醋泡藠头

材料 藠头70克。

调料 白醋30毫升，盐20克，白酒10毫升，白糖8克。

做法

1. 藠头洗净，倒入碗中，备用。
2. 在碗中加盐，搅拌均匀。
3. 将白酒倒入碗中，与藠头一起搅拌均匀。
4. 把白醋、白糖倒入碗中。
5. 把藠头与所有调料一起拌匀。
6. 将拌好的藠头和剩余泡汁转入玻璃罐。
7. 盖上瓶盖，在室温下密封7天。
8. 将腌好的泡菜取出即可。

营养分析 藠头含有糖、钙、磷、铁、蛋白质、维生素C、胡萝卜素等多种营养物质，干制藠头入药可以轻痰、健胃、治疗慢性胃炎。

小提示 在白糖中加入少许盐可以提高糖的甜度。

咸酸味泡藕片

材料 莲藕150克，辣椒圈10克。

调料 盐30克，白醋25毫升，白糖10克。

做法

1. 将洗净的莲藕去皮，切成片装入碗中。
2. 在碗中加入白糖、盐、白醋和适量矿泉水。
3. 将莲藕与调料搅拌均匀。
4. 把辣椒圈拌入莲藕中。
5. 将拌好的莲藕放入玻璃罐中，压实。
6. 再倒入碗中的泡汁。
7. 盖上瓶盖，在室温下密封3天左右。
8. 将腌制好的莲藕盛出即可。

营养分析 辣椒性温，能通过发汗降低体温，并缓解肌肉疼痛，因此具有较强的解热镇痛作用。其所含的辣椒素能加速脂肪分解，丰富的膳食纤维也有一定的降血脂作用。

小提示 取出后若太咸，可加入少量白糖拌匀，再密封一天。

椒盐泡菜

材料 白菜300克，红辣椒30克，花椒5克。

调料 盐适量。

做法

1. 锅中加入清水烧开，放入洗净的白菜拌匀。
2. 待白菜煮软后捞出，备用。
3. 取玻璃罐放入部分洗净的红辣椒、花椒。
4. 放入适量的白菜，压实。
5. 撒入少许盐和洗净的花椒。
6. 再取部分白菜，压实。
7. 加少许盐和花椒。
8. 放入余下的白菜，压实。
9. 加少许盐和余下的花椒和红辣椒。
10. 倒入适量矿泉水。
11. 加盖密封3天。
12. 取出即可。

小提示

腌白菜一定不要放入味精，否则会使腌菜变质。

酱小青瓜

材料 小青瓜500克，朝天椒20克，蒜头、姜片各10克。

调料 盐35克，白醋25毫升，白糖10克。

做法

1. 将洗好的小青瓜装入大碗中，加入盐、白糖。
2. 用手搓匀。
3. 放入朝天椒、蒜头、姜片。
4. 淋入白醋。
5. 再倒入150毫升的矿泉水，用筷子拌匀。
6. 将拌好的小青瓜、姜片、蒜头夹入玻璃罐中，碗中的味汁也舀入玻璃罐中，再倒入约900毫升的矿泉水。
7. 加盖密封，置于阴凉处浸泡10天。
8. 泡菜制成，取出即可食用。

营养分析 小青瓜富含维生素A、维生素C、氨基酸、黏多醣体、蛋白质及多种矿物质，具有美容减肥、清热解毒、清肺热、利尿、排毒养颜、生津止渴、提高人体免疫力的作用。

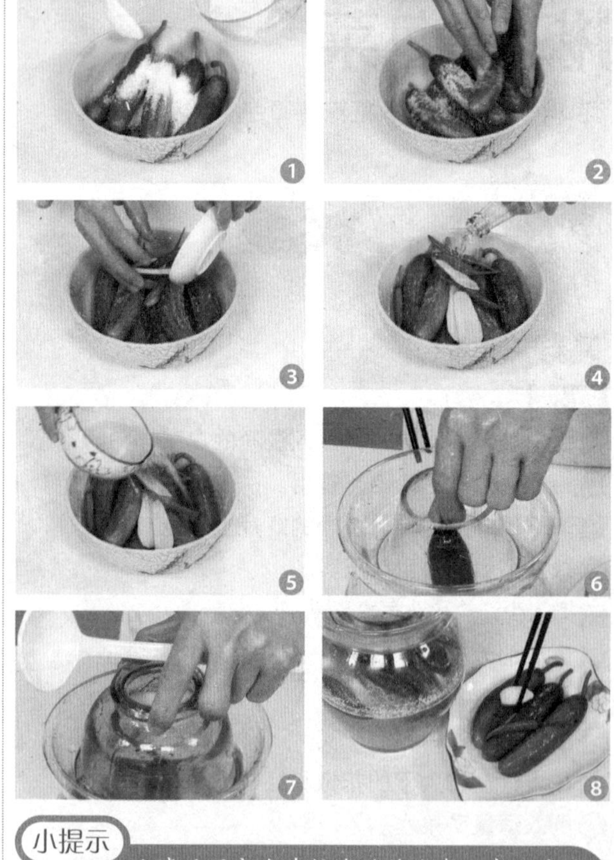

小提示 小青瓜尾部含有较多的苦味素，有抗癌的作用。

泡酸辣四季豆

材料 四季豆200克，红椒20克，干辣椒5克。

调料 盐20克，白酒、白醋各10毫升，白糖10克。

做法

1. 四季豆洗净，切成段，备用。
2. 红椒去蒂洗净，先切成条，再切成丁，备用。
3. 四季豆入沸水焯烫2分钟，取出。
4. 四季豆盛入碗中，加盐、干辣椒、红椒丁、白酒、白醋、白糖，拌匀。
5. 在四季豆中加入适量矿泉水，搅拌。
6. 将拌好的四季豆转入玻璃罐。
7. 盖上瓶盖，在室温下密封7天。
8. 将腌好的泡菜取出即可。

营养分析 四季豆以鲜嫩的豆荚果供食，含钙、磷、铁、胡萝卜素较多。中医认为，四季豆有调和脏腑、安养精神、益气健脾、消暑化湿和利水消肿的功效。

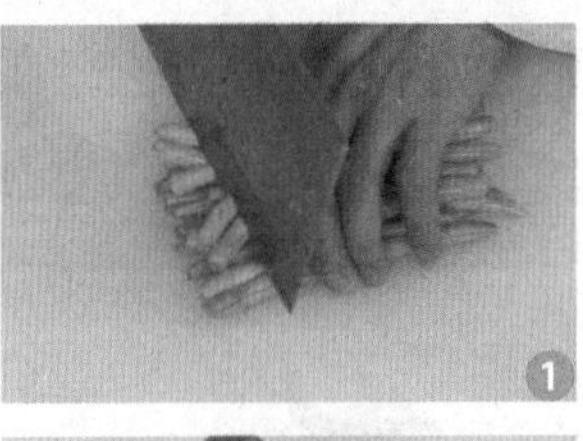
1
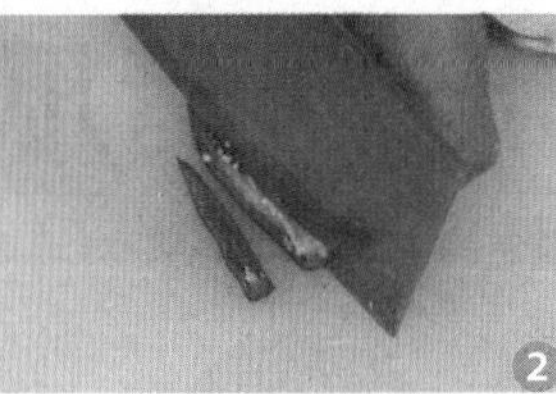
2

3

4

5

6

7

8

小提示 为防止中毒，四季豆应用沸水焯透或热油煸熟。

泡糖醋瓜皮

材料 西瓜皮200克，红椒15克。

调料 白醋40毫升，盐25克，白糖10克。

做法

1. 红椒去蒂洗净，切成圈，备用。
2. 西瓜皮洗净，切成丝。
3. 将西瓜皮装入碗中，加盐，搅拌均匀。
4. 将西瓜皮用适量清水洗净。
5. 在西瓜皮中加入红椒圈、白糖、白醋、少许矿泉水，搅拌均匀。
6. 把西瓜皮转入玻璃罐中。
7. 盖上瓶盖，在室温下密封5天左右。
8. 将腌好的泡菜取出即可。

营养分析 西瓜皮中含有瓜氨酸有利尿、解热、促进伤口愈合以及促进人体皮肤新陈代谢、美白滋润皮肤，淡化痘印的功效。

小提示 用手拍西瓜发出“咚”的清脆声音，就是西瓜成熟度刚好。

苦瓜泡菜

材料 苦瓜300克，柠檬30克，嫩姜20克，海带60克，酸梅汁80克。

调料 盐20克，白糖20克，味精适量。

做法

1. 将洗净的嫩姜、海带分别切成片。
2. 洗净的苦瓜切开，去掉瓤籽，切成片。
3. 洗净的柠檬切成片。
4. 将苦瓜倒入碗中，加入盐、白糖、味精，拌匀。
5. 再加入嫩姜、柠檬、海带、酸梅汁，加入适量矿泉水拌匀。
6. 将拌好的材料夹入干净的玻璃罐中。
7. 加盖密封，置于室内温度20~25℃的环境下泡制3天。
8. 泡菜制成，取出装入盘中即可。

营养分析 苦瓜中蛋白质、脂肪、碳水化合物的含量较高。苦瓜还含丰富的维生素及矿物质，长期食用，能解疲乏、清热祛暑、明目解毒、益气壮阳、降压降糖。

小提示

处理苦瓜时可将瓜瓤和白色部分全部除净使苦味适中。

什锦酸菜

材料 大白菜150克，黄瓜100克，胡萝卜70克，洋葱50克，红椒20克。

调料 白醋50毫升，盐30克，白酒15毫升，白糖10克。

做法

1. 黄瓜洗净切片；胡萝卜去皮洗净切片。
2. 红椒洗净切片；白菜洗净切块；洋葱去皮洗净，切成块，备用。
3. 锅中注水烧开，放入胡萝卜烫约5分钟。
4. 取一大碗，倒入适量矿泉水，加入盐、白糖、白酒拌匀，制成泡汁。
5. 在玻璃罐中倒入泡菜，压紧压实。
6. 将泡汁舀入玻璃罐中，加入少许白醋。
7. 加盖，在室温下密封7天。
8. 将腌好的泡菜取出即可。

营养分析 黄瓜中含有丰富的食物纤维、矿物质、蛋白质、维生素、乙醇、丙醇及人体所需的多种氨基酸。

小提示 好的黄瓜鲜嫩色绿，外表的刺粒不会完全脱落。

甜藠头

材料 藠头300克，朝天椒15克。

调料 盐20克，白糖30克，白醋20毫升。

做法

1. 将洗净的藠头放入容器中。
2. 加入适量盐。
3. 来回翻转约2分钟至盐溶化。
4. 将藠头放于阴凉处，静置24小时。
5. 倒入适量清水。
6. 洗净后，捞出沥干水分。
7. 将藠头放入玻璃罐中。
8. 加入洗净的朝天椒。
9. 取适量矿泉水，加白糖、盐，再淋入白醋，调成味汁。
10. 将味汁舀入玻璃罐中。
11. 加盖，置于阴凉处密封10天。
12. 将腌渍好的甜藠头装入盘中即成。

小提示

此菜腌渍时放入少许醋精，成菜的味道会更好。

糖醋洋葱

材料 洋葱250克。

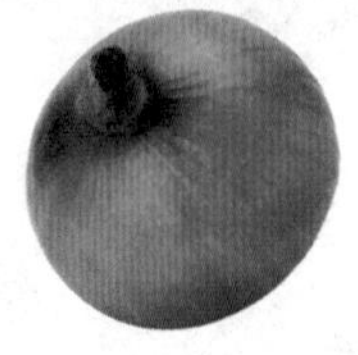

调料 陈醋40毫升，盐25克，白糖10克，生抽10毫升。

做法

1. 将去皮洗净的洋葱切瓣。
2. 取一大碗，加入白糖、盐、陈醋。
3. 再放入适量矿泉水，拌匀。
4. 在碗中倒入生抽，拌匀。
5. 将切好的洋葱倒入玻璃罐中，压紧，压实。
6. 把调好的泡汁倒入玻璃罐中。
7. 加盖密封，放在阴凉干燥处，温度保持在5～19℃，密封浸泡约7天。
8. 将泡好的洋葱取出即可。

营养分析 洋葱中的一些成分能让癌症发生率大大下降，还可推迟细胞的衰老，使人延年益寿。

小提示 洋葱不宜烧得过老，以免破坏其营养物质。

泡糖醋萝卜

材料 白萝卜300克，红椒圈15克，辣椒面7克

调料 白醋45毫升，盐30克，白糖10克

做法

1. 白萝卜去皮洗净，先对半切开，再斜刀切段，后切成片。
2. 将白萝卜倒入碗中，加入盐搅拌均匀。
3. 把白糖、白醋、辣椒面、红椒圈倒入白萝卜中。
4. 再将适量矿泉水倒入白萝卜中，拌匀。
5. 将拌好的白萝卜盛入玻璃罐中。
6. 把碗里的剩余泡汁倒入玻璃罐中。
7. 盖上瓶盖，放在阴凉干燥处，温度保持在6~18℃，密封浸泡7天左右。
8. 将腌好的泡菜取出即可。

营养分析 白萝卜热量少、纤维素多，吃后易产生饱胀感，因而有助于减肥。白萝卜还是一味中药，其性凉，味辛、甘，主治食积胀满、痰嗽失音、吐血、消渴等症。

小提示 萝卜不宜与水果一起吃。

泡彩椒

材料 彩椒300克，蒜头20克。

调料 盐15克，白糖20克，白醋15毫升。

做法

1. 将洗好的青彩椒对半切开，去除籽，改切成小块。
2. 红彩椒也对半切开，去除籽，改切成小块。
3. 将切好的青、红彩椒都装入碗中，加盐、白糖，用筷子拌匀。
4. 倒入蒜头，淋入白醋，拌匀。
5. 再倒入约200毫升的矿泉水，拌匀。
6. 将拌好的彩椒装入干净的玻璃罐中压实，再倒入碗中的味汁。
7. 加盖密封，泡制7天。
8. 将制作好的彩椒取出即可。

营养分析 彩椒富含多种维生素及微量元素，不仅可改善脸部黑斑及雀斑，还有消暑、补血、消除疲劳、预防感冒和促进血液循环等功效。

小提示 彩椒放入沸水中焯一下再制作可缩短腌渍时间。

糖汁莴笋片

材料 莴笋250克。

调料 盐30克，白糖10克。

做法

1. 莴笋去皮洗净，先切成段，再切成片。
2. 莴笋盛入碗中加盐，搅拌均匀。
3. 把盐拌过的莴笋用清水洗净。
4. 洗过的莴笋里加入白糖。
5. 把莴笋和白糖搅拌均匀。
6. 将拌好的莴笋转入玻璃罐。
7. 盖上盖子，在室温下密封3天。
8. 将腌好的泡菜取出即可。

营养分析 经常吃莴笋对心脏病、心律不齐、水肿、高血压、肝功能障碍、肥胖症等有一定的食疗效果。

小提示 莴笋要挑选叶绿、根茎粗壮、无腐烂疤痕的。

香椿泡菜

材料 香椿300克。

调料 盐25克，白糖20克。

做法

1. 将洗净的香椿切去老茎。
2. 把切好的香椿放入盆中。
3. 在盘中加入盐，抓匀。
4. 挤出香椿中腌渍出的水分。
5. 把白糖倒入盆中，搅拌均匀。
6. 将拌好的香椿放入玻璃中。
7. 盖上盖子密封，置于室温18～25℃的阴凉处，腌渍3天左右。
8. 香椿泡菜制成，取出盛入盘内即可。

营养分析 泡菜中含有丰富的活性乳酸菌，它可抑制肠道中腐败菌的生长，减弱腐败菌在肠道的产毒作用，并有帮助消化、防止便秘和细胞老化、降低胆固醇、抗肿瘤等作用。

小提示 做泡菜的蔬菜需洗净晾干，这样口感才好。

糖醋蒜瓣

材料 大蒜150克，朝天椒10克。

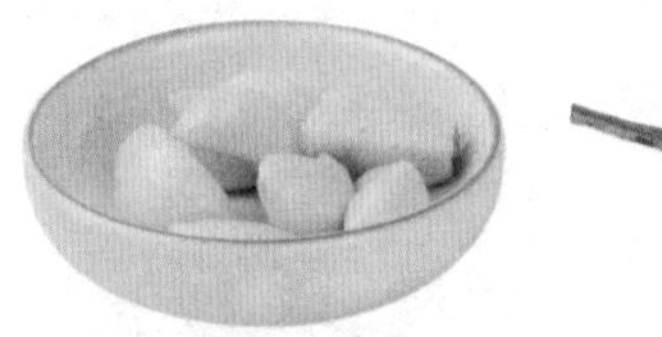

调料 盐20克，白酒15毫升，白醋、白糖各8克。

做法

1. 取一干净大碗，加入盐、白糖、白醋，搅拌均匀。
2. 将白酒倒入碗中，继续搅拌。
3. 在碗中加入适量矿泉水，拌匀。
4. 倒入处理好的大蒜、朝天椒，搅拌均匀。
5. 将拌好的材料盛入玻璃罐中。
6. 把碗里的剩余泡汁倒入玻璃罐中。
7. 盖上瓶盖，放在阴凉干燥处，温度保持在6～18℃，密封浸泡30天左右。
8. 将腌好的泡菜取出即可。

营养分析 中医认为，大蒜性温味辛，有暖脾胃、消积症、解毒、杀虫的功效。

1
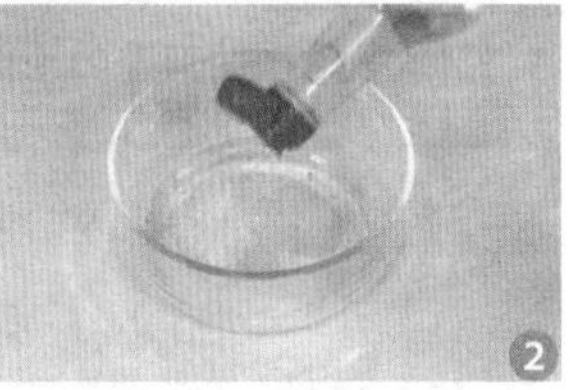
2

3

4

5

6

7

8

小提示 朝天椒制作剁椒要确保无水无油，否则易变坏。

盐水泡青椒

材料 青椒200克，醪糟40克。

调料 白醋45毫升，盐30克，红糖25克，白酒15毫升，八角、花椒、干姜、桂皮、草果、香叶各少许。

做法

1. 青椒洗净去蒂，切成段。
2. 将切好的青椒盛入碗中。
3. 在碗里加入盐、醪糟、八角、花椒、干姜、桂皮、草果、香叶，搅拌均匀。
4. 再将白酒、白醋、红糖加入碗中，拌匀。
5. 把适量矿泉水倒入碗中。
6. 将拌好的材料盛入玻璃罐中。
7. 加盖密封，置于阴凉干燥处，温度保持在6～18℃，浸泡约10天。
8. 将腌好的泡菜取出即可。

小提示 咳喘、咽喉肿痛者应少食青椒。

泡藠头什锦菜

材料 藠头100克，洋葱80克，大蒜10克。

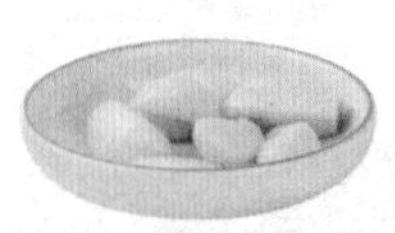

调料 盐20克，白酒10毫升，食粉10克。

做法

1. 藠头洗净，切成段，装入碗中备用；洋葱去皮洗净，切成丝，备用。
2. 取一碗，先加入盐，把藠头、大蒜倒入碗中拌匀，腌渍约1分钟。
3. 将洋葱倒入碗中，搅拌均匀。
4. 在藠头中加入少许白酒，拌匀。
5. 在藠头中加入少许面粉和适量矿泉水，搅拌均匀。
6. 将拌好的材料和泡汁转入玻璃罐。
7. 盖上瓶盖，在室温下密封7天。
8. 将腌好的泡菜取出即可。

营养分析 洋葱含有蛋白质、粗纤维、咖啡酸、B族维生素、维生素C、多糖和氨基酸，经常食用可以稳定血压、保护动脉血管，还可以预防流感。

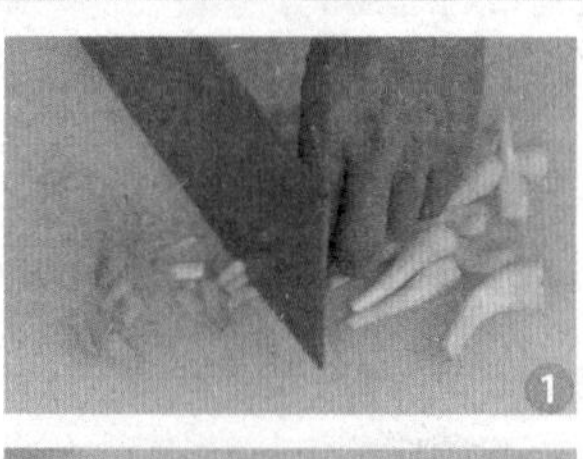

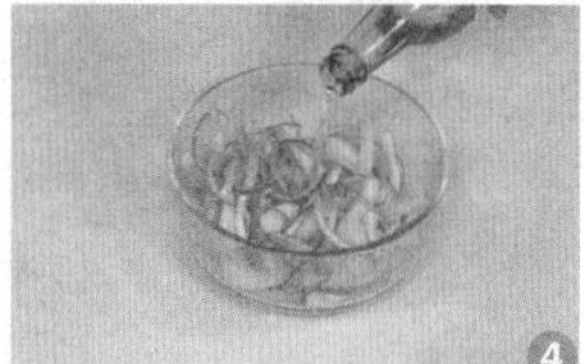

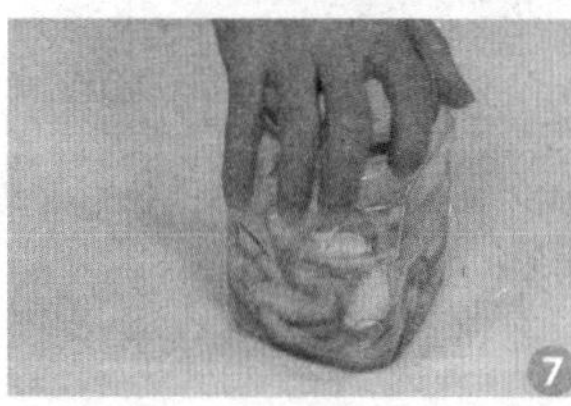

小提示 洋葱以表皮完整光滑、外层保护膜较多的为佳。

油菜泡菜

材料 油菜500克，蒜苗40克，红椒15克。

调料 盐15克。

做法

1. 油菜洗净，切成段备用。
2. 红椒洗净去蒂，切成圈备用。
3. 蒜苗洗净，切成段备用。
4. 将切好的油菜装入碗中，加入盐，抓挤出汁。
5. 在碗中加入红椒圈、蒜苗，搅拌均匀。
6. 将拌好的油菜盛入干净的玻璃罐中，加入适量清水。
7. 加盖密封，置于干燥阴凉处浸泡3天左右。
8. 泡菜制成，取出装入盘中即可。

营养分析 油菜富含钙、铁、胡萝卜素和维生素C，对抵御皮肤过度角质化大有裨益，可促进血液循环、散血消肿。油菜还含有能促进眼睛视紫质合成的物质。

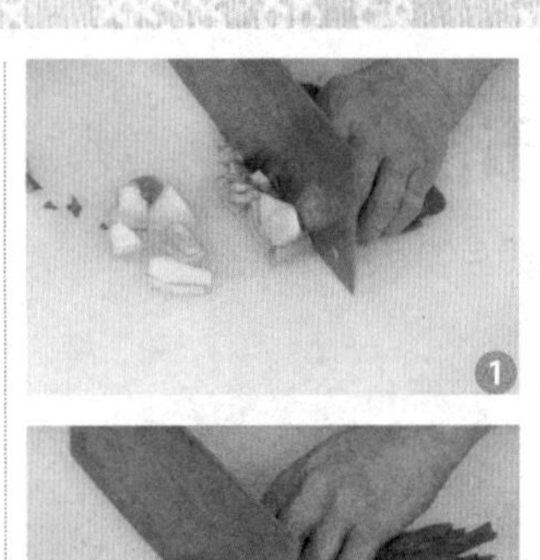

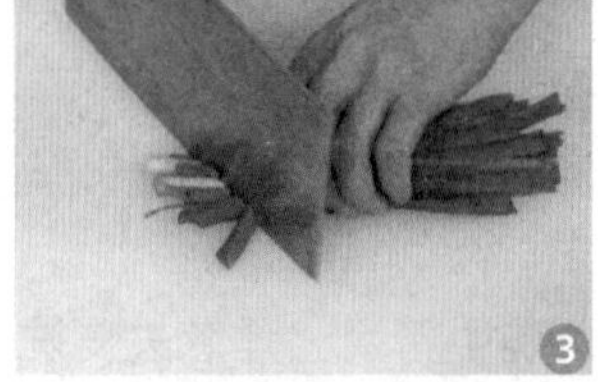

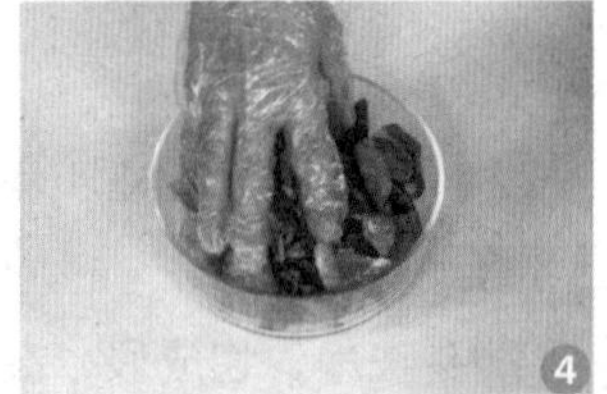

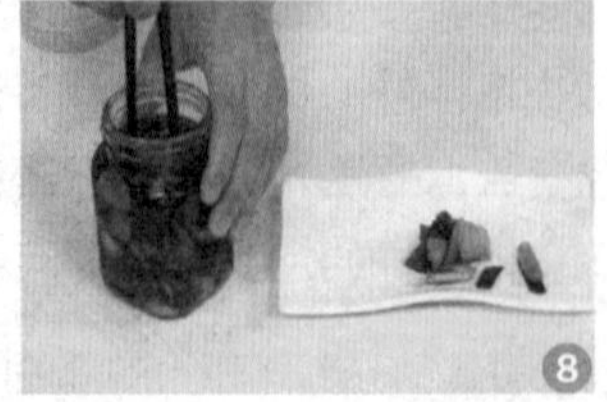

小提示 油菜洗净后可置于盐水中浸泡3分钟。

泡平菇什锦菜

材料 大白菜200克，芹菜60克，平菇50克，姜片20克，干辣椒6克，花椒少许。

调料 盐30克，白酒15毫升，白糖10克。

做法

1. 大白菜洗净，切成条，备用；芹菜洗净，切成段，备用；平菇洗净，撕成条。
2. 将大白菜装入碗中，加入盐，搅拌均匀。
3. 把处理好的芹菜和平菇倒入碗中，拌匀。
4. 在碗中加入姜片、花椒、干辣椒，搅拌均匀。
5. 将拌好的大白菜加入少许矿泉水、白酒、白糖，再次拌匀。
6. 把大白菜和泡汁转入玻璃罐中。
7. 盖上瓶盖，在室温下密封约4天。
8. 将腌好的泡菜取出即可。

营养分析 平菇含有能抗肿瘤细胞的多糖体，对肿瘤细胞有很强的抑制作用；平菇还有追风散寒、舒筋活络的作用，可缓解腰腿疼痛、手足麻木、经络不适等症。

小提示 平菇要选择个体完整、无虫蛀、无异味的。

泡五香山药

材料 山药300克，八角、香叶、花椒各少许。

调料 生抽10毫升，盐5克，白醋少许。

做法

1. 去皮洗净的山药切1厘米厚片，切成条，备用。
2. 将切好的山药放入清水中，加少许白醋。
3. 把山药滤出，盛入碗中，加盐、生抽、香叶、花椒，拌匀。
4. 加250毫升清水拌匀。
5. 将拌好的材料盛入玻璃罐中，压紧压实。
6. 将剩余泡汁倒入玻璃罐中。
7. 加盖密封，置于室温18~20℃下浸泡2天。
8. 泡菜制成，取出装入盘中即可。

营养分析 山药含有淀粉、黏液蛋白、糖类、氨基酸和维生素C等营养成分，具有健脾补肺、益胃补肾、聪耳明目、助五脏、强筋骨的功效，对脾胃虚弱、食欲不振、消渴尿频、痰喘咳嗽等有食疗作用。

小提示

山药切开会有黏液，可以先用清水加少许醋清洗。

腊八蒜

材料 整颗的蒜头300克，醋150克。

调料 酱油36克，糖36克，盐24克。

做法

1. 蒜头去掉根与茎秆后，去两层皮左右清洗干净，用筛子沥去水分，晾2小时左右。
2. 将蒜头、水、醋装碗，放在阴凉处腌渍10天左右。
3. 锅里倒入腌渍好的醋水，放入调味酱料，大火煮3分钟左右，直至沸腾。
4. 醋水续煮1分钟左右后，晾凉再倒入碗里。
5. 续腌1个月左右直至腌熟。

营养分析 蒜中含有丰富的维生素C，具有明显的降血脂及预防冠心病和动脉硬化的作用，并可防止血栓的形成。它能保护肝脏，诱导肝细胞脱毒酶的活性，可以阻断亚硝胺致癌物质的合成，从而预防癌症的发生。

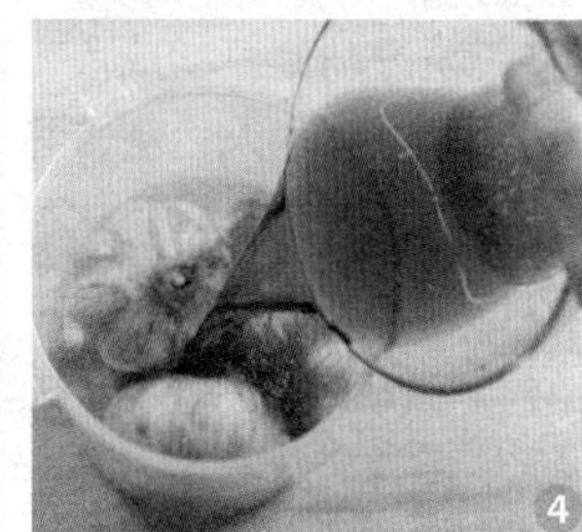

特色腌泡菜

金银花泡豇豆

材料 豇豆150克，金银花7克，姜片10克。

调料 盐20克，白糖15克，白醋15毫升。

做法

1. 把洗净的豇豆切成段，装入碗中。
2. 加盐，再加入白糖，抓匀，腌渍10分钟入味。
3. 放入洗净的金银花、姜片。
4. 倒入适量白醋。
5. 抓匀，腌渍5分钟至入味。
6. 将拌好的材料盛入干净的玻璃罐中，再倒入碗中的泡汁，压实，倒入约150毫升的矿泉水。
7. 扣上盖子，置于干燥阴凉处腌渍5天。
8. 揭盖，将泡制好的豇豆取出，装盘即可。

营养分析 豇豆富含脂肪、膳食纤维，其磷的含量最为丰富。豇豆中还含有易为人体吸收的优质蛋白质以及铁、锌等矿物质，有利于人体的新陈代谢，还有帮助消化、增进食欲的功效。

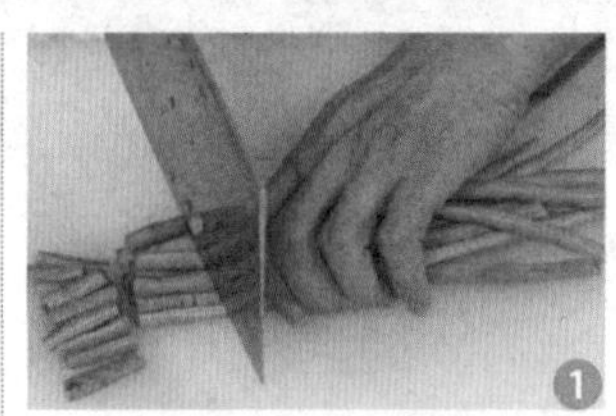

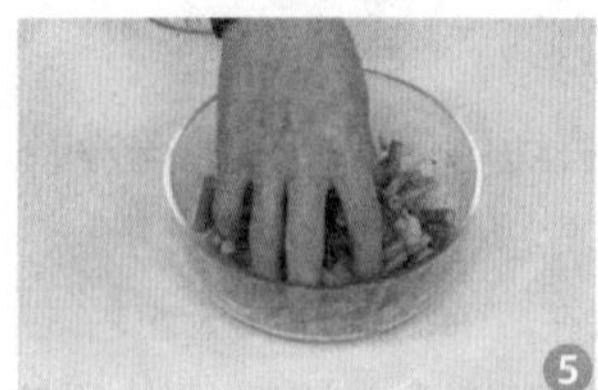

小提示

金银花用矿泉水泡好后再使用，腌渍出来的味道更好。

北沙参泡豇豆

材料 豇豆200克，朝天椒15克，北沙参10克，麦冬7克，姜丝少许。

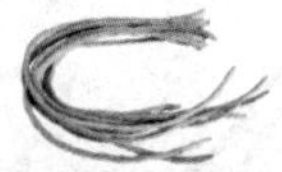

调料 盐35克，白糖7克，白醋15毫升。

做法

1. 把洗好的豇豆切成段。
2. 洗净的朝天椒切成圈。
3. 豇豆、朝天椒装入碗中，加盐，再加入白糖，抓匀，静置5分钟至白糖溶化。
4. 放入姜丝、麦冬，再放入北沙参。
5. 淋入白醋，加适量清水，用筷子拌匀。
6. 将拌好的材料盛入干净的玻璃罐中，再倒入碗中的泡汁。
7. 盖上盖子，密封4～5天。
8. 揭盖，取出泡好的材料即可。

营养分析 豇豆具有调中益气、健脾补肾之功效，豇豆所含的维生素B_1能维持正常的消化腺分泌和胃肠道蠕动的功能，抑制胆碱酯酶活性，有助消化，增进食欲。

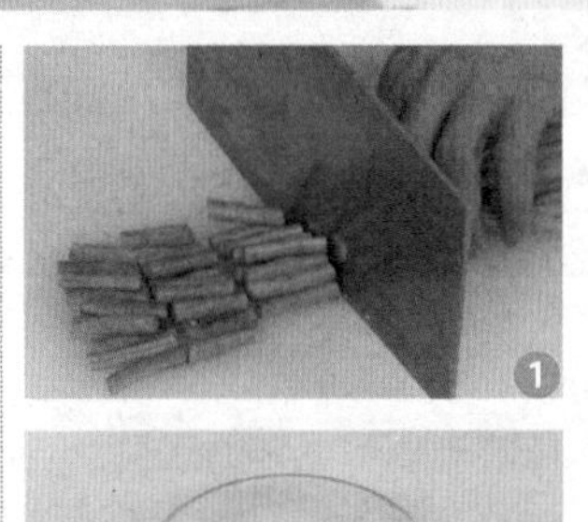

小提示 豇豆用加盐的沸水焯烫后再腌渍，味道更佳。

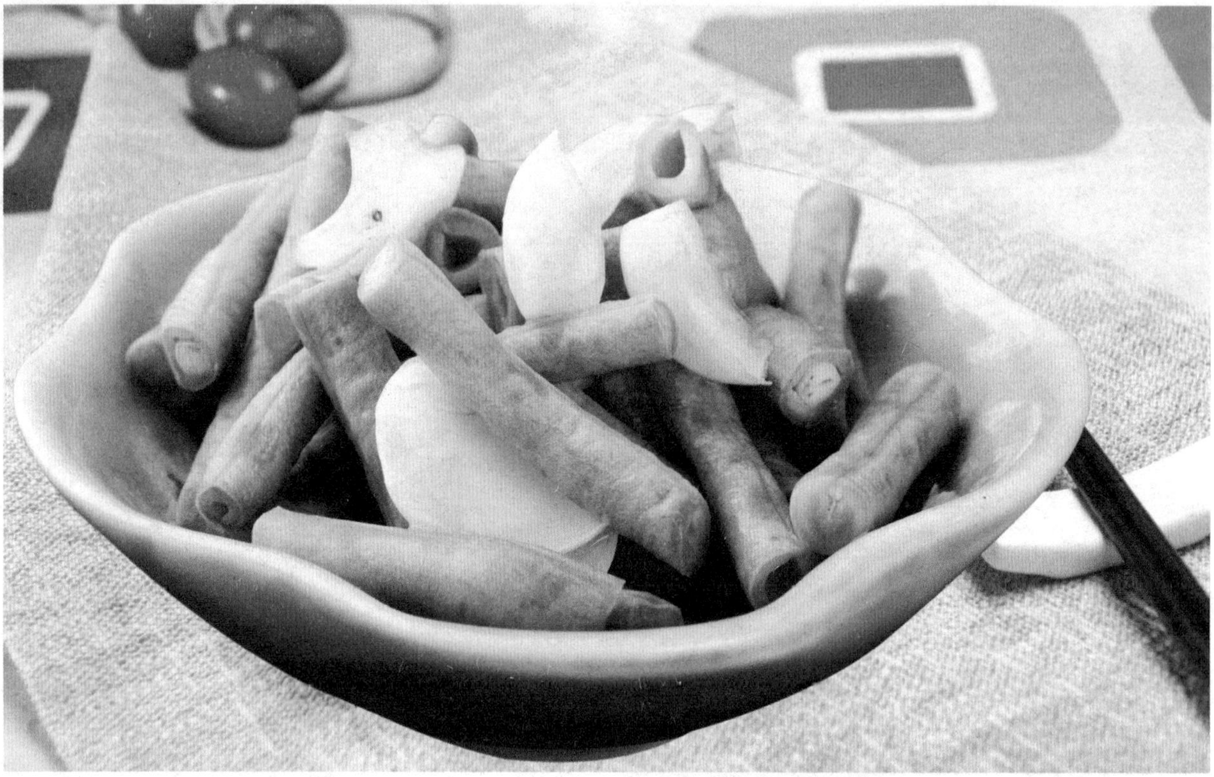

百合泡豇豆

材料 豇豆200克，百合20克，姜片15克。

调料 盐、白醋各适量。

做法

1. 把洗净的豇豆切短段。
2. 将切好的豇豆放碗中，加盐、白醋、白糖、姜片拌匀。
3. 取玻璃罐，放入少许洗净的百合。
4. 从碗中舀出一部分豇豆，放入玻璃罐，压实。
5. 叠上少许洗净的百合。
6. 再放入余下部分的豇豆，压实。
7. 倒入白醋，加入矿泉水，撒上少许盐，加盖密封7天。
8. 取出泡好的豇豆即可。

营养分析 豇豆中所含维生素C，能促进抗体的合成，有提高机体抗病毒的作用。豇豆的磷脂有促进胰岛素分泌，促进糖代谢的作用，是糖尿病人的理想食品。

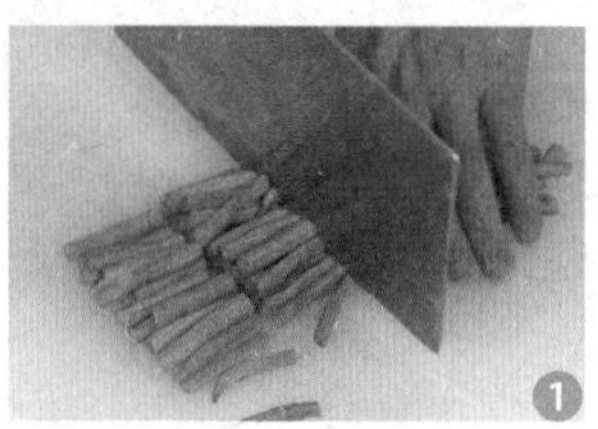

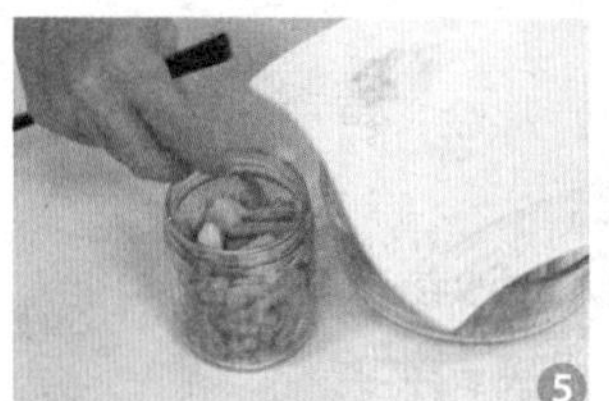

淮山泡花生

材料 淮山200克，花生米70克，朝天椒15克，泡椒30克。

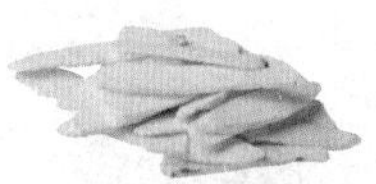

调料 盐20克，白糖15克，白醋20毫升，白酒15毫升。

做法

1. 将去皮的淮山切成小块儿，再用清水洗干净。
2. 再把切好的淮山和洗净的朝天椒与泡椒一起放入碗中。
3. 倒入白醋，再倒入洗好的花生米。
4. 加盐、白糖、白酒，充分搅拌均匀。
5. 加入约400毫升的矿泉水，拌匀。
6. 将拌好的材料装入玻璃罐中。
7. 将盖子拧紧，密封7天。
8. 揭盖，取出腌渍好的材料即可。

营养分析 花生米含有大量的碳水化合物、多种维生素以及卵磷脂、钙、铁等20多种营养元素，对儿童、青少年提高记忆力有益，对老年人有滋养保健之功。

小提示 淮山的汁液难洗净，要避免其触及衣物。

当归泡芹菜

材料 芹菜200克，当归5克，红椒圈10克。

调料 盐20克，白醋15毫升，白糖10克。

做法

1. 将洗好的芹菜切成约4厘米长的条段。
2. 芹菜与红椒圈、洗净的当归放碗中。
3. 加入盐、白糖拌匀。
4. 加白醋拌匀。
5. 倒入450毫升矿泉水。
6. 将碗中材料转到玻璃罐中。
7. 加盖密封，需置于阴凉处浸泡3天。
8. 泡菜制成，取出装盘即可食用。

营养分析 芹菜含铁量较高，是缺铁性贫血患者的佳蔬。它对于血管硬化、神经衰弱患者有辅助治疗作用。芹菜的叶、茎含有挥发性物质，别具芳香，能增强人的食欲。芹菜汁有降血糖作用。

小提示 芹菜叶对人体有利，吃芹菜时不应把嫩叶扔掉。

甜橙汁泡苹果

材料 橙汁150毫升，苹果1个。

调料 盐、白糖各适量。

做法

1. 苹果洗净去皮。
2. 苹果切开，去除果核，将果肉切成块。
3. 将切好的苹果倒入碗中，用淡盐水浸泡一下。
4. 将苹果沥干，加入盐、白糖和橙汁拌匀。
5. 把拌好的苹果装入玻璃罐中。
6. 在玻璃罐中倒入余下的泡汁。
7. 盖上瓶盖，在室温下密封4天左右。
8. 将泡好的苹果取出即可。

营养分析 苹果中的维生素C是心血管的保护神。苹果性平、味甘酸、微咸，无毒，具有生津止渴、益脾止泻、和胃降逆、开胃消食的功效。

小提示 苹果用加少许醋的清水清洗，既保鲜又杀菌。

奶味泡圣女果

材料 圣女果300克，牛奶100毫升。

调料 白醋适量，盐少许。

做法

1. 圣女果洗净，去蒂。
2. 将处理好的圣女果装入碗中，加少许盐拌匀。
3. 把白醋倒入碗中，搅拌均匀。
4. 在碗中加入牛奶拌匀。
5. 将圣女果放入玻璃罐中。
6. 倒入玻璃罐中泡汁和适量的矿泉水。
7. 盖上瓶盖，在室温下密封约5天。
8. 将泡好的圣女果取出即可。

营养分析 牛奶所含的营养物质很丰富，对人体有很多好处。如牛奶中的钾可使动脉血管在高压时保持稳定，减少脑卒中的风险。

小提示 玻璃罐要放在阴凉处储存，冰箱内冷藏尤佳。

泡雪梨

材料 姜片10克，雪梨1个。

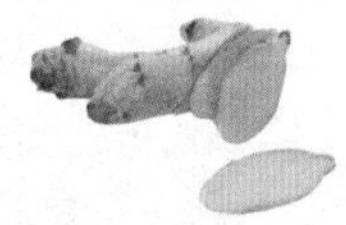

调料 盐10克，白糖6克。

做法

1. 将洗净去皮的雪梨切开，先切去核，再改切成小瓣。
2. 把切好的雪梨块放入淡盐水中。
3. 把沥干水的雪梨放入碗中，放入姜片、盐、白糖，用筷子搅拌均匀。
4. 在碗中倒入约200毫升矿泉水，拌匀。
5. 将拌好的材料盛入干净的玻璃罐中。
6. 在玻璃罐中倒入碗中剩余的泡汁。
7. 加盖封严实，置于阴凉处浸泡5天左右。
8. 雪梨浸泡好，取出即可食用。

营养分析 雪梨含苹果酸、柠檬酸、维生素C、胡萝卜素等营养元素，能润肺、降火、解毒，对急性气管炎和上呼吸道感染的患者，出现的咽喉干、痒、痛等症状也有缓解作用，还有降低血压的功效。

小提示 最好使用不锈钢的水果刀切雪梨。

泡柚子

材料 柚子500克。

调料 白糖15克，白酒30毫升。

做法

1 将洗净的柚子去皮，取出果肉。
2 分开果肉，掰成瓣。
3 把掰下来的果肉放入碗中。
4 在碗中加入白糖、白酒和约250毫升的矿泉水，拌匀。
5 将拌好的柚子果肉盛入玻璃罐中。
6 倒入碗中拌好的泡汁。
7 加盖密封严实，置于阴凉处浸泡3天。
8 柚子浸泡入味，取出即可食用。

营养分析 柚子中含有大量的维生素C，能降低血液中的胆固醇，具有健胃、润肺、补血、清肠、利便等功效。

小提示 密封时沿封口的凹陷处倒少许清水，密封效果更好。

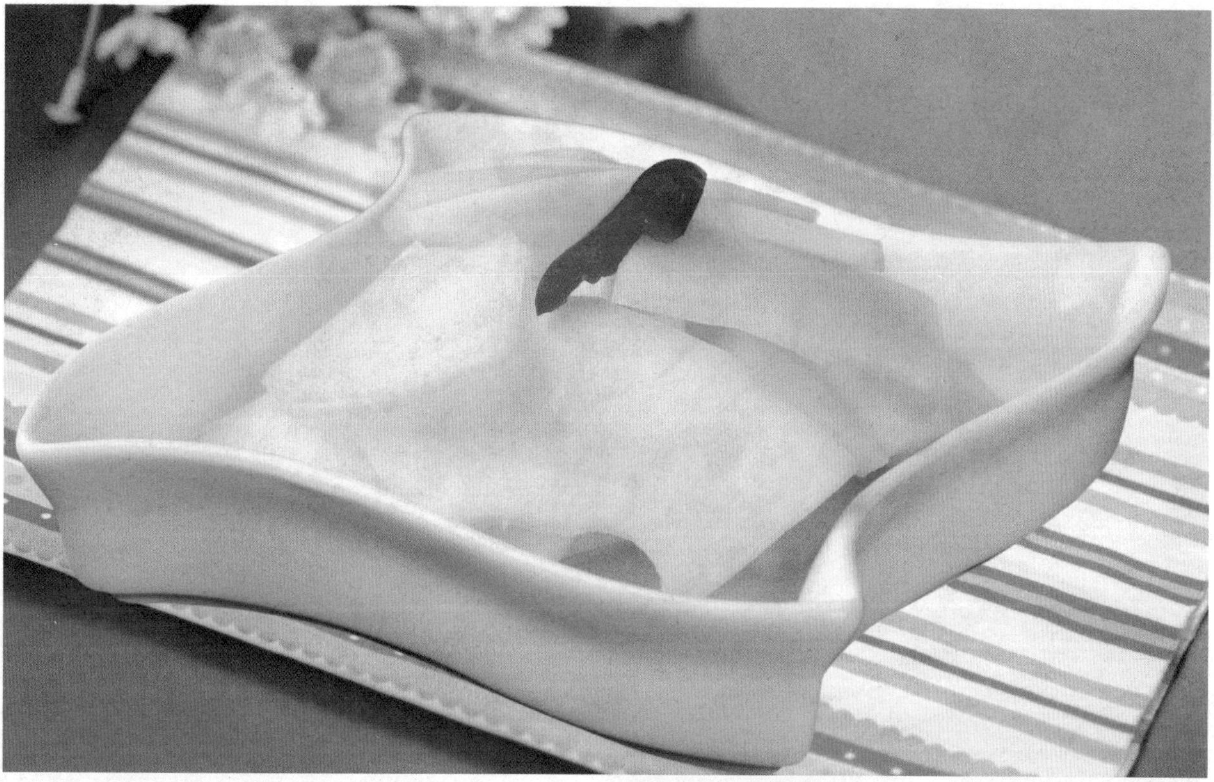

糖醋泡木瓜片

材料 木瓜500克，红椒15克。

调料 白醋50毫升，盐30克，白糖10克。

做法

1. 木瓜洗净，去皮去瓤，再切成片状，备用。
2. 红椒洗净，切成片，备用。
3. 把切好的木瓜装入碗中，加入盐，搅拌均匀后洗净。
4. 把切好的红椒、白醋、白糖和适量矿泉水倒入碗中。
5. 将碗中的材料搅拌均匀。
6. 把木瓜和泡汁转入玻璃罐中。
7. 盖上瓶盖，在室温下密封约5天。
8. 将腌好的泡菜取出即可。

营养分析 中医认为，木瓜能理脾和胃、平肝舒筋，可走筋脉而舒挛急，为治一切转筋、腿痛、湿痹的要药。木瓜还有美容、护肤、乌发的功效，而且还有利于减肥丰胸。

小提示 木瓜要选择果皮完整、颜色亮丽、无损伤的。

泡红椒西瓜皮

材料 西瓜皮200克，干辣椒、花椒适量。

调料 盐20克，红糖10克，白酒、生抽各适量。

做法

1 西瓜皮洗净，去白瓤，切段，改切成丝。
2 西瓜丝装入碗中，加入盐、花椒、干辣椒、红糖。
3 把碗中的西瓜丝和调料搅拌均匀。
4 在碗中倒入少许白酒，加入适量矿泉水拌匀。
5 把拌好的材料转到玻璃罐中。
6 倒入泡汁，加少许生抽。
7 盖上瓶盖，置于干燥阴凉处密封约5天。
8 泡菜制成，取出装入盘中即可。

营养分析 西瓜皮含蜡质、糖、瓜氨酸、果糖、维生素C等，能化热除烦、祛风利湿、清透暑热、养胃津，可治暑热烦渴、水肿、口舌生疮、中暑和秋冬因气候干燥引起的咽喉干痛、烦咳不止等疾病。

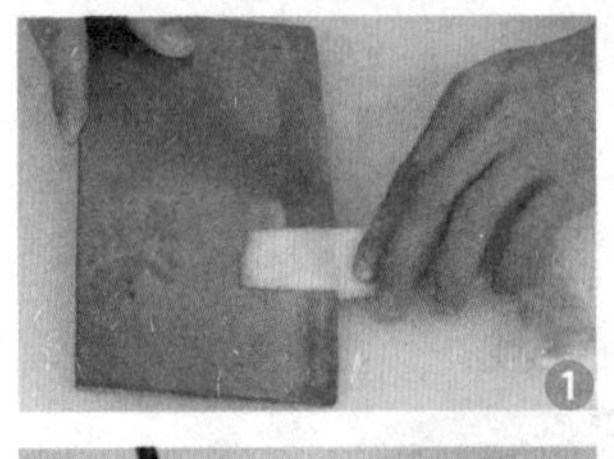
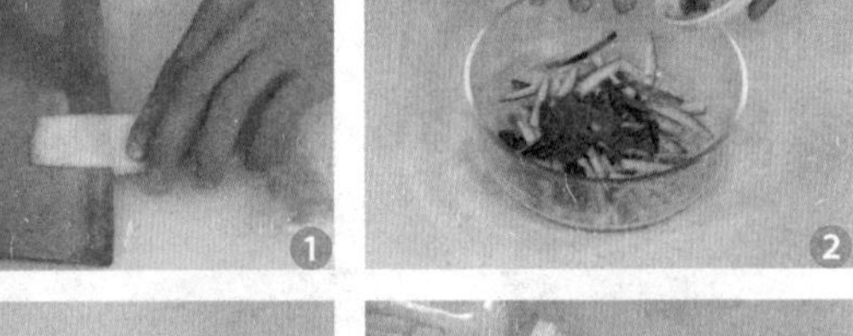

小提示 西瓜皮洗净后，可先削除外面的硬皮。

河南泡菜

材料 黄瓜100克，胡萝卜80克，包菜150克，青椒45克。

调料 盐25克，白糖10克，白醋30毫升。

做法

1. 将洗好的黄瓜切成片。
2. 再把已去皮洗净的胡萝卜切片。
3. 洗净的青椒切小段；洗好的包菜切片。
4. 将包菜装入碗中，加入盐、白糖，用筷子拌匀，再加入青椒、黄瓜、胡萝卜，拌匀。
5. 倒入白醋，再倒入约500毫升矿泉水，拌匀。
6. 将拌好的材料盛入罐中，压实压紧。
7. 加盖密封，置于阴凉处浸泡5天。
8. 泡菜制成，取出即可食用。

营养分析 胡萝卜营养丰富，含较多的胡萝卜素、糖、钙等营养物质，对人体具有多方面的保健功能。它提供的维生素A，具有促进机体正常生长与繁殖、防止呼吸道感染及保持视力正常等功能。

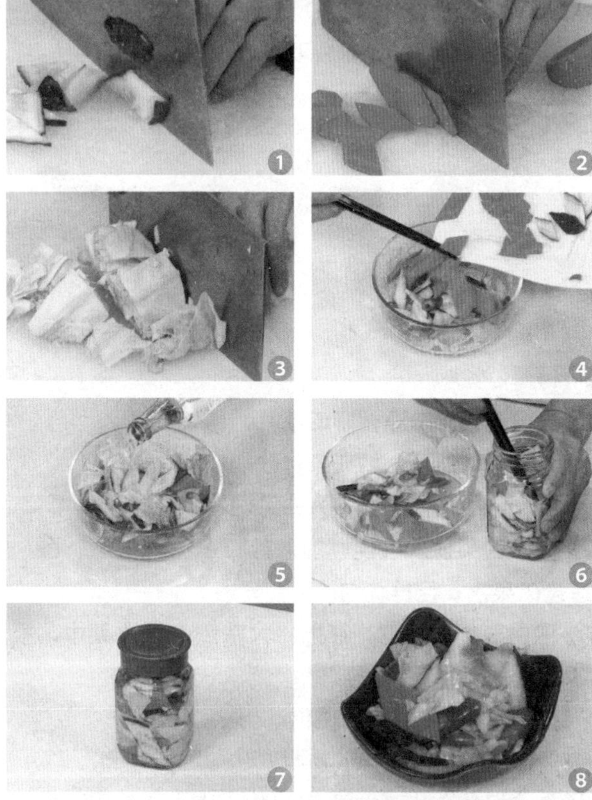

小提示 食用时，可加入少许香油拌匀，让味道更好。

太原酸味泡菜

材料 大白菜200克，白萝卜100克，黄瓜80克，红椒20克，大蒜15克。

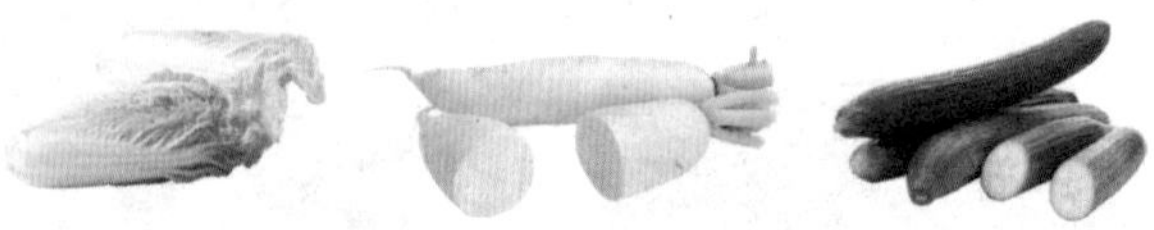

调料 醋50毫升，盐30克，白酒15毫升，白糖10克。

做法

1. 白萝卜去皮洗净，切成厚片，再切成条。
2. 红椒去蒂洗净，切成条，改切成丁。
3. 黄瓜洗净，切成条；大白菜洗净切成条。
4. 将大白菜盛入碗中，加入盐、白糖、白酒、醋、适量矿泉水，搅拌均匀。
5. 把白萝卜、黄瓜、红椒、大蒜倒入大白菜中，搅拌均匀，备用。
6. 把所有材料转入玻璃罐中。
7. 盖上瓶盖，在室温下密封7天。
8. 将腌好的泡菜取出即可。

营养分析 醋有杀菌、解毒、活血散瘀、促进消化、降血压、防治动脉硬化等作用。

小提示 醋能与铜产生化学反应，尽量不用铜器具装盛、烹调酸味食材。

西北泡菜

材料 白萝卜150克，泡椒汁150毫升，胡萝卜80克，泡椒30克，蒜头5克，干辣椒适量。

调料 盐5克，白糖少许。

做法

1. 胡萝卜去皮切厚片，切条，改切成段。
2. 白萝卜去皮切厚片，再切条，改切成段。
3. 锅中加适量清水烧热，倒入胡萝卜和白萝卜，焯约1分钟至熟。
4. 材料加干辣椒、大蒜、泡椒和泡椒汁。
5. 加温水，加入盐、白糖，用筷子拌匀。
6. 将拌好的材料盛入玻璃罐中，压紧压实，倒入剩余泡汁。
7. 加盖密封，置于18~23℃的阴凉处浸泡1天。
8. 泡菜制成，取出装入盘中即可。

营养分析 白萝卜能促进新陈代谢、增进食欲、化痰清热、帮助消化、化积滞，可以预防冠心病、动脉硬化、胆结石等疾病。

小提示 萝卜块的大小要适中，小了不爽脆，太大不易入味。

鲁味甜辣泡菜

材料 大白菜300克，韭菜150克。

调料 辣椒酱30克，盐25克，白糖20克。

做法

1. 将洗净的韭菜切成5厘米的长段。
2. 洗净的大白菜切成5厘米的长段。
3. 锅中注入适量清水烧开，加入盐，倒入大白菜，煮至二成熟后捞出。
4. 将大白菜盛入碗中，加入盐、白糖和辣椒酱拌匀。
5. 碗中加入韭菜拌匀。
6. 将拌好的材料加入玻璃罐中。
7. 加盖密封，置于室温18～25℃的阴凉处约2天。
8. 泡菜制成，取出，盛入盘内即可。

营养分析 泡菜中含有丰富的活性乳酸菌，它可抑制肠道中腐败菌的生长，减弱腐败菌在肠道的产毒作用，并有帮助消化、防止便秘和细胞老化、降低胆固醇、抗肿瘤等作用。

小提示 做泡菜的蔬菜需洗净晾干，这样口感才好。

泡川味红葱头

材料 红葱头300克，干辣椒、花椒适量。

调料 盐15克，白酒10毫升。

做法

1. 将去皮洗净的红葱头盛入碗中。
2. 在碗中加入盐，搅拌均匀。
3. 把白酒倒入碗中拌匀。
4. 将干辣椒和花椒加入碗中，搅拌均匀。
5. 在碗中注入约300毫升矿泉水并拌匀。
6. 将红葱头和泡汁装入玻璃罐中。
7. 拧紧盖子，置于室温20～25℃的阴凉处，浸泡10天左右。
8. 泡菜制成，盛入盘内即可。

营养分析 葱味甘、微辛，性温，入肝、脾、胃、肺经，具有润肠、理气和胃、健脾进食、发散风寒、温中通阳、消食化肉、提神健体、散瘀解毒的功效。

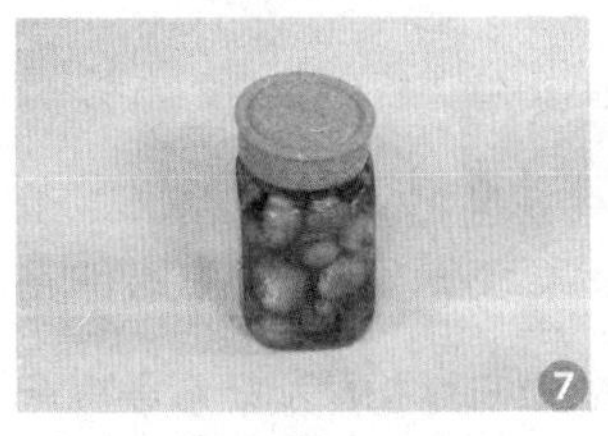

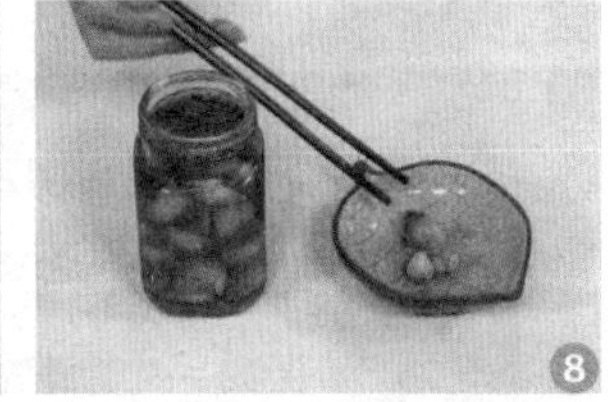

小提示 葱头一定要去芯，不然会很辣。

酸梅圣女果

材料 圣女果300克，话梅8克。

调料 盐20克，红糖5克。

做法

1. 将洗净的圣女果择去果蒂，装入碗中。
2. 加入适量盐，用筷子拌匀，腌渍约10分钟。
3. 把腌好的圣女果放入干净的玻璃罐中。
4. 倒入话梅。
5. 加入白糖、酸梅酱。
6. 再倒入约300毫升的矿泉水。
7. 扣上盖子，置于干燥阴凉处浸泡2天。
8. 揭开盖子，将泡好的圣女果取出，装入盘中即可。

营养分析 圣女果中含有谷胱甘肽和番茄红素等特殊物质，这些物质可促进人体的生长发育，特别是促进小儿的生长发育，并且可增强人体抵抗力，延缓人体的衰老。

小提示 有时瓶中会出现“白花”，倒入几滴白酒，能减少“白花”出现。

肉苁蓉泡西芹

材料 西芹200克，朝天椒15克，肉苁蓉5克，菟丝子3克，姜片10克。

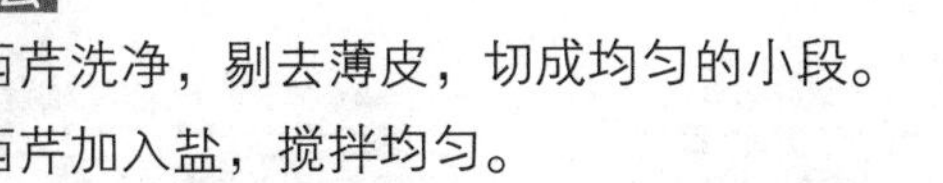

调料 白醋25毫升，白酒15毫升，盐20克，白糖15克。

做法

1. 西芹洗净，剔去薄皮，切成均匀的小段。
2. 西芹加入盐，搅拌均匀。
3. 放白糖、姜片、白酒、白醋，充分拌匀。
4. 倒入约500毫升的矿泉水。
5. 加入洗好的朝天椒、肉苁蓉、菟丝子，拌匀。
6. 将拌好的西芹拣到玻璃罐中，倒入碗中的汁液。
7. 拧紧盖子，密封3天。
8. 取出腌渍入味的材料即可食用。

营养分析 西芹含有碳水化合物、蛋白质、脂肪、烟酸和粗纤维等成分，有解表、透疹的功效，可以预防麻疹，而且有降低血压的作用，还能缓解失眠。

小提示 朝天椒拍破后再腌渍，成菜的味道会更好。

鸡血藤泡莴笋

材料 莴笋200克，鸡血藤10克，朝天椒10克。

调料 盐10克，白糖15克，白醋30毫升。

做法

1. 将去皮洗净的莴笋，切滚刀块。
2. 再把切好的莴笋盛入碗中，加洗净的朝天椒、盐拌匀。
3. 放入洗净的鸡血藤，加入白糖拌匀。
4. 再倒入白醋拌匀。
5. 倒入约500毫升的矿泉水。
6. 碗中材料搅拌均匀，盛入洗净的玻璃罐中。
7. 加盖密封3天。
8. 取出食用即可。

营养分析 莴笋中无机盐、维生素含量较丰富，尤其是含有较多的烟酸。莴笋中还含有一定量的微量元素锌、铁。莴笋中钾离子含量也比较丰富，有利于调节体内盐的平衡。

小提示

腌渍莴笋时，宜少放盐，以免使口感变差。

桂圆泡鲜藕

材料 莲藕300克，桂圆肉25克，姜片15克。

 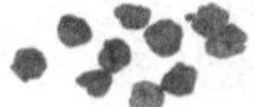 

调料 盐35克，白糖10克，白醋25毫升。

做法

1. 将洗净去皮的莲藕切成块。
2. 再切好的莲藕放入碗中，倒适量清水，加少许盐，拌匀，浸泡一会儿。
3. 莲藕取出沥干水分，加盐、白糖，放入姜片、桂圆肉，用筷子搅拌均匀。
4. 加入白醋。
5. 再倒入200毫升矿泉水，拌匀。
6. 将拌好的莲藕放入玻璃罐中，压实，再将碗中的味汁倒入罐中。
7. 加盖密封，置于阴凉处浸泡7天。
8. 泡菜制成，取出即可食用。

营养分析 莲藕含有淀粉、蛋白质、天门冬素以及氧化酶等成分，生吃鲜藕能清热解烦、解渴止呕。如将鲜藕压榨取汁，其功效更佳。

小提示 烹调莲藕需掌握方法，以免莲藕变黑。

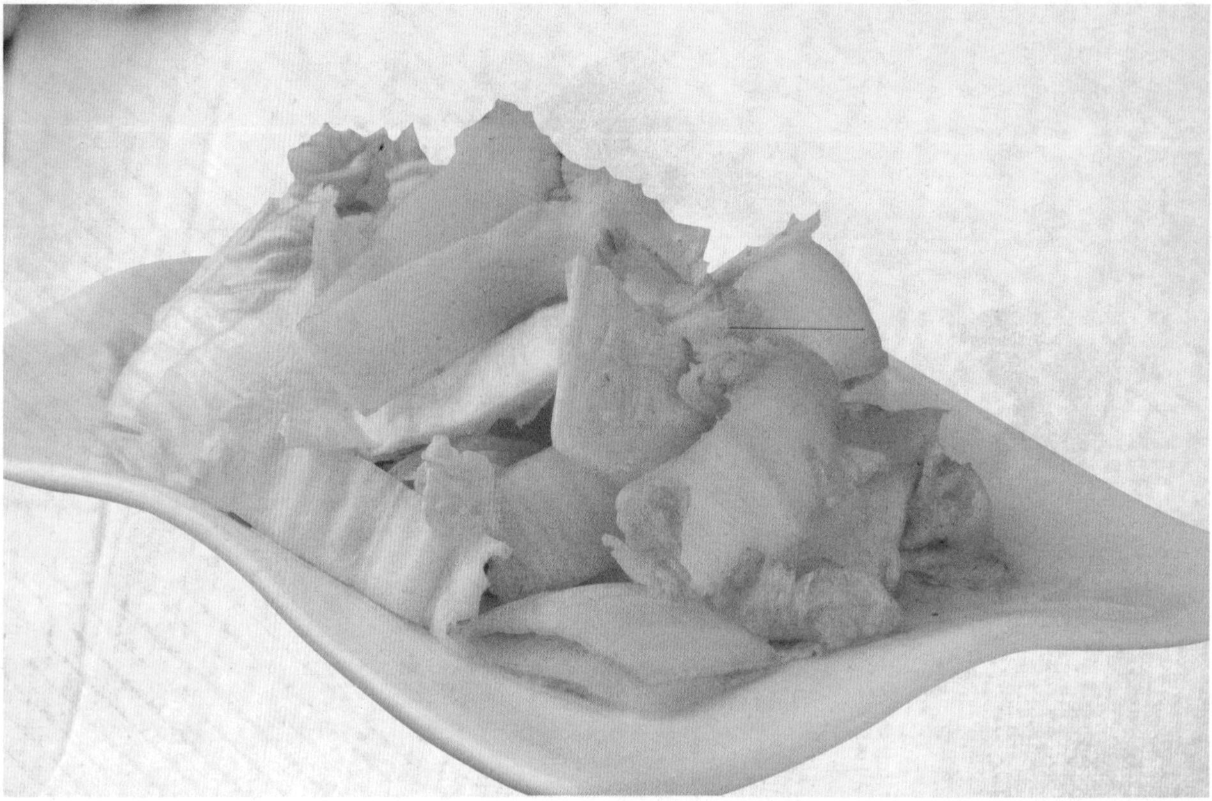

玉竹泡大白菜

材料 大白菜300克，玉竹5克。

调料 盐30克，白酒15毫升，白糖10克。

做法

1. 玉竹用水泡发洗净，备用。
2. 大白菜洗净，切成块。
3. 取一只碗，将切好的大白菜倒入其中。
4. 碗中加入盐、白糖、玉竹、适量矿泉水，拌匀。
5. 在拌好的大白菜中加入白酒，并搅拌均匀。
6. 把大白菜装入玻璃罐中，倒入剩余泡汁。
7. 盖上瓶盖，在室温下密封7天。
8. 将腌好的泡菜取出即可。

营养分析 玉竹也是一味药材，《本草正义》记载其：“治肺胃燥热、津液枯涸、口渴嗌干等症，而胃火炽盛、燥渴消谷、多食易饥者，尤有捷效。”

小提示 脾虚便溏者应慎服玉竹。

泡鱼腥草

材料 鱼腥草500克，朝天椒20克，泡椒水80毫升。

调料 盐3克，料酒适量。

做法

1. 洗净的鱼腥草切3厘米长的段。
2. 将切好的鱼腥草装入碗中，放入洗净的朝天椒。
3. 加入适量盐，用筷子拌匀。
4. 倒入泡椒水、矿泉水拌匀。
5. 淋入适量料酒，用筷子拌匀。
6. 把鱼腥草盛入玻璃罐中，倒入泡汁压实。
7. 加盖，置于阴凉干燥处密封4天。
8. 泡菜制成，取出即可食用。

营养分析 鱼腥草不仅药用价值高，其营养价值也很高。鱼腥草富含蛋白质、脂肪、碳水化合物、膳食纤维、维生素、胡萝卜素等营养成分，常食能清热解毒、利尿消肿、开胃理气。

小提示 朝天椒可依个人口味添加，但不可太辣。

海外腌泡菜

韩式韭菜泡菜

材料 韭菜200克，洋葱30克，生姜15克，大蒜10克，辣椒面10克。

调料 盐25克，白糖8克，鱼露适量。

做法

1. 将去皮洗净的大蒜剁成末，备用。
2. 洗好的生姜剁成末，备用。
3. 将洗净的洋葱切成丝，改切成末备用。
4. 锅中注入适量清水，烧开备用。
5. 洗好的韭菜放入碗中，加入开水，烫约1分钟至熟，取出装入碗中。
6. 加辣椒面、鱼露、蒜末、洋葱末、姜末。
7. 再加入白糖、盐，搅拌1分钟。
8. 将韭菜盘成结，装入盘中，再撒上盘中剩余的辣椒面、姜蒜末即可。

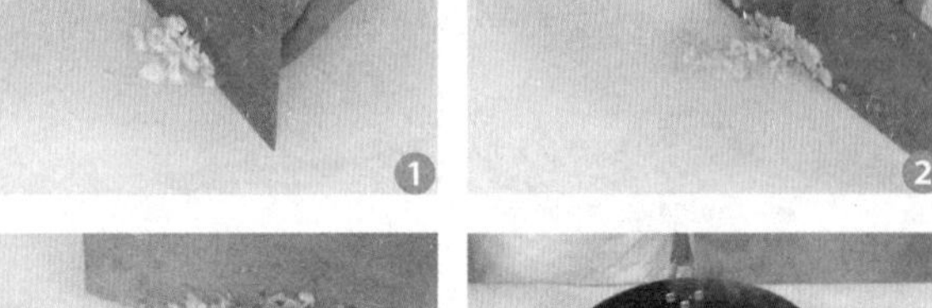

小提示 用开水烫韭菜的时间不宜太长。

韩式芝香泡菜

材料 黄瓜300克，花生15克，辣椒面、白芝麻少许。

调料 芝麻酱20克，白糖20克，生抽15毫升，盐15克。

做法

1. 烧热炒锅，倒入洗净的花生，用小火翻炒约1分钟至熟后盛出，晾凉备用。
2. 洗净的白芝麻倒入锅中，利用余温炒香。
3. 花生去掉红衣，花生仁拍碎，切成粉末。
4. 把洗净的黄瓜切成瓣，盛入碗中。
5. 在碗中加盐抓匀，腌渍10分钟。
6. 黄瓜腌渍入味后，洗净，装入碗中。
7. 在碗中加芝麻酱、花生末、白芝麻、辣椒面、生抽、白糖，拌匀。
8. 将拌好的黄瓜盛出装盘即成。

营养分析 黄瓜含有人体生长发育和生命活动所必需的多种糖类、氨基酸和丰富的维生素，具有除湿、利尿、降脂、镇痛、促消化之功效。

小提示 黄瓜尾部含较多苦味素，有很好的抗癌作用。

韩式素泡什锦

材料 大白菜200克，白萝卜100克，雪梨60克，苹果50克，大葱30克，大蒜10克，辣椒面8克。

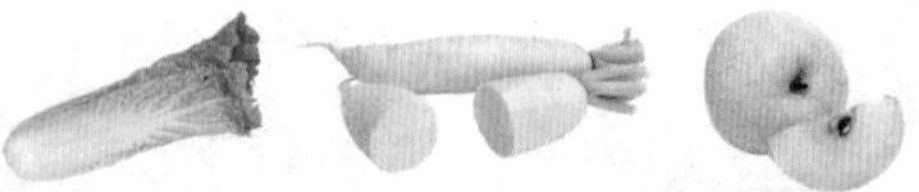

调料 盐30克，白酒15毫升，味精10克。

做法

1. 大白菜洗净，切成条，备用。
2. 大葱洗净切段；白萝卜洗净去皮，切片。
3. 雪梨、苹果均洗净去核，切成片。
4. 大白菜盛入碗中，加味精、盐、温开水、白萝卜、大蒜拌匀，再加入辣椒面拌匀。
5. 在大白菜中加入大葱、苹果、雪梨、白酒，搅拌均匀。
6. 把所有材料转入玻璃罐中，压实压紧。
7. 加盖，在室温下密封1天。
8. 将腌好的泡菜取出即可。

营养分析 梨水分充足，富含多种维生素、矿物质和微量元素，能够帮助人体排毒、净化，还能软化血管、促进血液循环和钙质的输送，维持机体的健康。

小提示 在清水漂洗蔬果前最好先削皮，去皮是有效去除农药的方法。

韩式辣味泡菜

材料 黄瓜30克，韭菜20克，姜片7克，蒜头5克，辣椒粉、辣椒面各5克。

调料 辣椒酱20克，虾酱15克，盐10克，生抽10毫升，白糖10克。

做法

1. 将洗净的黄瓜切段，在外皮上划出切口。
2. 洗净的韭菜切6厘米长段，装入碗中。
3. 生姜去皮，切成片状。
4. 蒜头拍破，与生姜同剁成末。
5. 将姜末、蒜末倒入碗中。
6. 在碗中加辣椒面、辣椒粉、虾酱、辣椒酱和约80毫升矿泉水拌匀。
7. 盐、生抽、白糖倒入碗中，拌匀成泡汁。
8. 韭菜加盐抓匀，加少许热水浸泡1小时。
9. 锅中加水烧开，倒入黄瓜煮沸过凉水。
10. 将黄瓜滤出，盛入碗中，加韭菜。
11. 把调好的泡汁倒入碗中，拌匀。
12. 将腌渍好的泡菜盛出装盘即可。

小提示

黄瓜要选鲜嫩的，这样泡制出来口感更好。

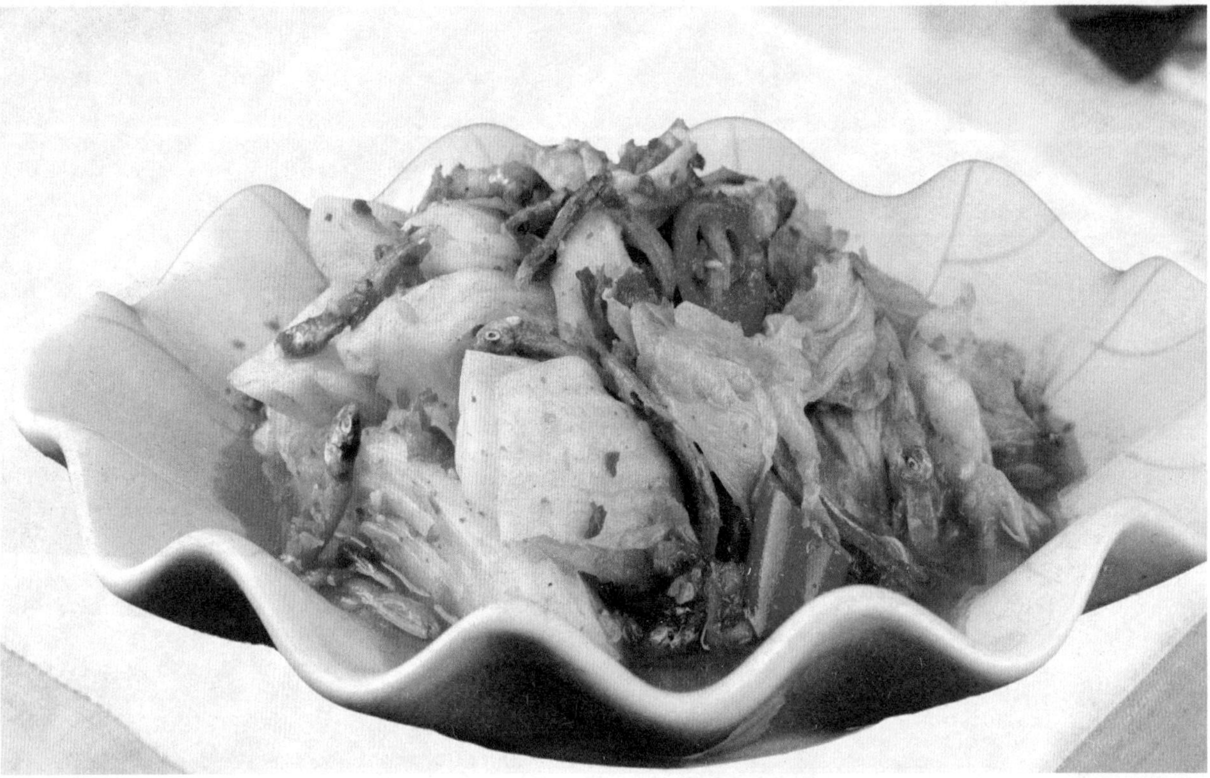

韩式白菜泡菜

材料 大白菜250克，水发小鱼干20克，红椒20克，蒜梗10克，生姜15克，辣椒粉、辣椒面各10克。

调料 粗盐20克，盐15克，味精15克，白糖10克，虾酱适量。

做法

1. 大白菜洗净，切成四等分长条。
2. 生姜去皮拍破，切碎备用。
3. 红椒洗净，前半部分切圈，剩余的剁碎。
4. 蒜梗切碎，备用。
5. 锅中加水烧开，倒入白菜，煮约1分钟。
6. 将大白菜捞出，加粗盐拌匀，腌渍1天。
7. 将发好的小鱼干倒入锅中，小火煮30分钟。
8. 放入虾酱、辣椒面、辣椒粉、红椒粒拌匀，煮沸制成泡汁。
9. 将泡汁盛出，晾凉。
10. 腌渍好的大白菜用清水洗净，盛入碗中。
11. 放入红椒圈和泡汁拌匀，腌渍1天。
12. 盛出装盘即可。

小提示 煮白菜的时间不可太长，否则影响成品口感和外观。

韩式萝卜片泡菜

材料 白菜200克，萝卜200克，红辣椒30克，水芹菜50克，松子3克。

调料 小葱20克，蒜泥24克，姜末15克，盐28克，糖4克，辣椒粉14克。

做法

1. 水、盐、糖、辣椒粉混合，做成泡菜汤汁；白菜与萝卜清理洗净，切片。
2. 白菜先用盐腌渍5分钟左右，再放入萝卜续腌5分钟，沥去水分。
3. 小葱与水芹菜洗净，切段；红辣椒切丝。
4. 松子去壳，用干棉布擦拭；萝卜与白菜放在腌过的盐水里，再加入水、盐、糖，将辣椒粉放在棉袋子里搓揉10次，给泡菜汤汁上色。
5. 将装有蒜泥与生姜的棉袋子放进缸里，泡菜制成后，放上水芹菜与松子上桌。

营养分析 白菜的营养价值高，种类多，一年四季都能吃到，是最热门的抗癌明星。冬天是吃白菜的好季节，白菜丰富的纤维和维生素C，可以补足冬天蔬果摄取的不足。但虚寒体质的人，不适合大量吃生冷的白菜，如泡菜。

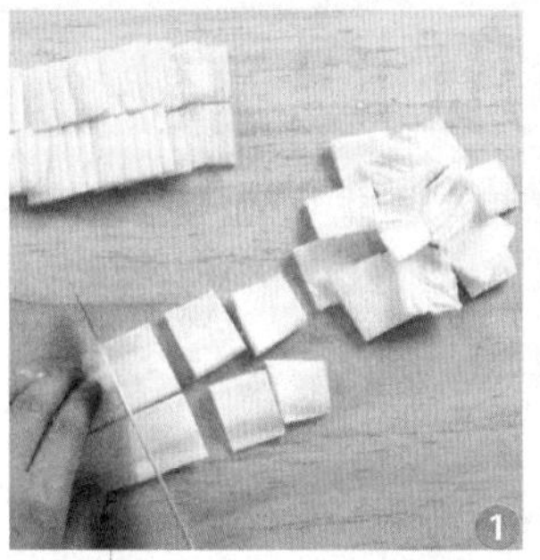
1

2

3

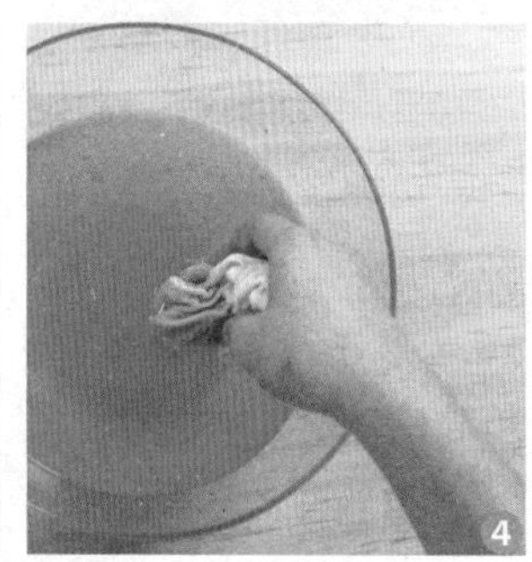
4

5

小提示 要选新鲜、无损害、无糠芯的白萝卜。

韩式小黄瓜泡菜

材料 黄瓜（白黄瓜）600克，韭菜50 克，虾酱150克。

调料 粗盐30克，葱末28克，蒜泥16克，姜末4克，辣椒粉14克，盐4克。

做法

1. 黄瓜用粗盐搓揉洗净，切成约6厘米长的段，从中间切“十”字花刀。
2. 黄瓜腌在盐水里2小时，捞出晾30分钟。
3. 韭菜洗净切条；剁碎虾酱里的小虾仁。
4. 在韭菜里放入虾酱与调料后搅拌做馅。
5. 将做好的泡菜馅塞进小黄瓜中间的“十”字切口中，将小黄瓜泡菜一段一段整齐地堆叠着放入缸里，在碗里放入水与盐做小黄瓜泡菜的汤汁并把它倒入缸中。

营养分析 泡菜是一种既营养又卫生的蔬菜加工品。泡菜的主要原料是各种蔬菜，含有维生素及钙、铁、磷等矿物质。在泡制过程中，蔬菜一直保存在常温下，蔬菜中的维生素C和B族维生素不会受到破坏。

1

2

3

4

5

黄瓜不宜过多食用。

日式大芥菜泡菜

材料 大芥菜500克，红椒20克。

调料 豆瓣酱30克，生抽15毫升，盐7克。

做法

1. 洗净的大芥菜切1厘米的段，备用。
2. 洗净的红椒去蒂，切约1厘米的段，备用。
3. 将切好的芥菜盛入盘中，加盐抓匀，腌渍约1小时。
4. 将腌渍好的芥菜盛入隔纱布中，收紧，挤去多余水分。
5. 大芥菜盛入碗中，加红椒、豆瓣酱、生抽，拌匀。
6. 将拌好的材料盛入玻璃罐中，压紧实。
7. 盖上瓶盖，在室温下密封2天左右。
8. 将腌制好的泡菜取出即可。

营养分析 大芥菜含有丰富的维生素A、B族维生素、抗坏血酸、纤维素和胡萝卜素，有提神醒脑、解除疲劳、开胃消食的作用，还有解毒消肿之功，能抗感染和预防疾病的发生。

小提示 制作此泡菜，应尽量将腌渍过的大芥菜的水分挤去。

日式芥末渍莲藕

材料 莲藕300克，红椒15克。

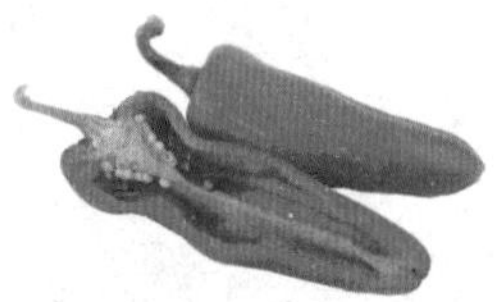

调料 芥末20克，盐9克，生抽、鸡粉、白醋适量。

做法

1. 莲藕去皮洗净，切成薄片。
2. 把切好的莲藕放入清水中浸泡。
3. 洗净的红椒去蒂，切成圈备用。
4. 锅中加入清水烧开，加少许白醋、盐。
5. 在锅中倒入藕片，煮约2分钟至熟。
6. 将藕片捞出，放入清水中浸泡片刻。
7. 把藕片滤出，装入碗中。
8. 在碗中加入盐、生抽、鸡粉、芥末拌匀。
9. 再把切好的红椒倒入碗中，搅拌均匀。
10. 将拌好的藕片盛入玻璃罐中，压紧实。
11. 盖上瓶盖，在室温下密封约1天。
12. 揭盖，将泡菜取出即可。

小提示

藕片不可煮太久，以免影响其爽脆的口感。

日式辣白菜

材料 大白菜300克，海带100克，干辣椒少许。

调料 盐30克，白酒15毫升。

做法

1. 海带洗净，切成块状，备用。
2. 大白菜洗净，先切成条，再改切成丁。
3. 把大白菜盛入碗中，加少许盐，搅拌均匀。
4. 将加盐后的大白菜抓出水分，并滤去水分。
5. 在碗中加入海带、干辣椒、盐、白酒和适量矿泉水拌匀。
6. 把大白菜转入玻璃罐中。
7. 加盖，在室温下密封4天。
8. 将腌好的泡菜取出即可。

营养分析 海带几乎不含脂肪与热量，维生素含量也微乎其微，但它却含有丰富的矿物质，如钙、钠、镁、钾、磷、硫、铁、锌等，以及硫胺素、核黄素、硒等人体不可缺少的营养成分。

小提示 吃海带后不宜马上喝茶或吃酸涩的水果。

日式黄瓜御膳

材料 黄瓜200克，牛肉30克，香菇10克，鸡蛋60克。

调料 酱油6克，葱末2.3克，蒜泥1.1克，芝麻盐1克，胡椒粉0.1克，芝麻油2克，盐8克，糖28克，醋60克，食用油8克，辣椒丝0.1克。

做法

① 黄瓜洗净，按切分成 2 等份，在外皮部分以0.5厘米左右为间隔，斜划 3 次刀痕后，第 4 次切断，依此类推将黄瓜切好。

② 黄瓜放在盐水里腌15分钟，用干棉布擦干。

③ 牛肉切细丝；香菇泡发后切丝，与牛肉一起，用调味酱料搅拌；鸡蛋煎成蛋皮，切丝；辣椒丝切段；盐、糖、醋、水混合成甜醋水。

④ 将用油将黄瓜用大火快炒1分钟左右后晾凉；牛肉与香菇炒熟。将炒好的牛肉与香菇一同塞进黄瓜的刀痕缝隙中，再放入蛋皮，在放进菜码的黄瓜上面撒上辣椒丝，装碗淋上甜醋水。

小提示 牛肉不可与韭菜同食。

日式功夫黄瓜

材料 黄瓜1条，韭菜、洋葱末各适量。

调料 辣椒粉、糖、虾酱、盐、葱、蒜各适量。

做法

1. 黄瓜切段，用盐腌渍。
2. 将洋葱、葱、蒜剁细。
3. 韭菜切段。
4. 将辣椒粉和热水放入研钵，加虾酱、韭菜、葱末、蒜末、洋葱末、糖、盐拌匀。
5. 将黄瓜内的水挤出。
6. 将研钵中调好味的辣椒酱塞在黄瓜的切口处，即可。

日式葱结辣萝卜

材料 白萝卜适量。

调料 粗盐、红辣椒粉、葱段、洗净的蒜头、姜末、鱼酱、糖各适量。

做法

1. 白萝卜洗净，用盐腌渍入味。
2. 葱、大蒜和生姜均剁细。
3. 葱捆在一起，成葱结。
4. 将所有的调味料调成酱汁，与白萝卜、葱结、姜末、蒜头拌匀，即成辣萝卜。
5. 最后将辣萝卜装入陶罐中密封，即可。

西式海鲜泡菜

材料 白菜2.4千克，萝卜250克，梨125克，芥菜30克，小葱25克，水芹菜30克，虾仁酱、黄花鱼酱各25克，牡蛎、章鱼各80克，菜码：香菇丝10克，石耳丝3克，栗子片30克，红枣12克，辣椒丝2克，松子10 克。

调料 蒜泥32克，姜末、盐各32克，糖2克，粗盐350克，葱25克，辣椒粉28克。

做法

1. 白菜洗净掰开，洗净，切块。
2. 萝卜、梨切块，芥菜、小葱、水芹菜、葱切段。
3. 红枣去皮切丝；黄花鱼酱将鱼肉取出切片，留头与骨；牡蛎洗净，章鱼洗净切段；锅里放水与黄花鱼酱的头与骨头煮沸，做成汤汁。
4. 白菜与萝卜放入辣椒粉、虾仁酱、黄花鱼酱肉，搅拌均匀；将其余材料放入拌匀，放入三分之二的海鲜搅拌，用盐调味。
5. 将3～4张的白菜帮子铺在碗中，将泡菜放在碗里，放上剩余的三分之一的海鲜与菜码，白菜帮子包好，装在缸里，倒入煎熬好的黄花鱼酱汤汁。

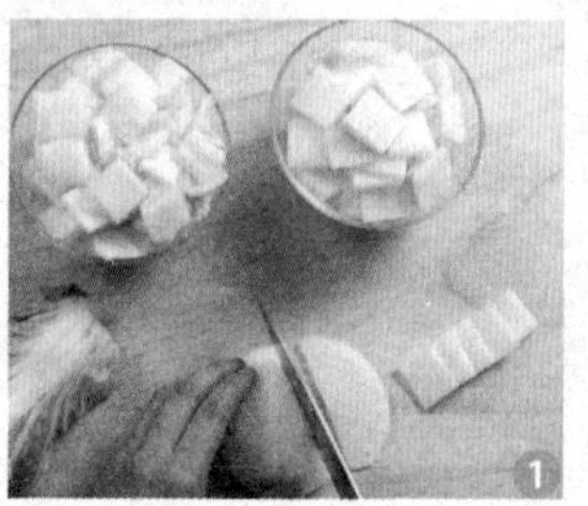
1

2

3

4

5

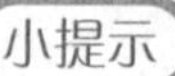

制作此泡菜，应尽量将腌渍过的大芥菜的水分挤去。

西餐泡菜

材料 卷心菜150克，花菜100克，黄瓜100克，胡萝卜80克，芹菜50克，青椒15克，葱白10克，丁香1克，干辣椒1克，桂皮1克，黑胡椒1克。

调料 白醋50毫升，盐30克，白酒15毫升，白糖10克。

做法

1. 黄瓜洗净切段，切条；青椒洗净，切条。
2. 胡萝卜洗净切条；芹菜洗净，切段。
3. 卷心菜洗净，切丝；花菜洗净，切小块。
4. 锅中加清水烧开，倒入胡萝卜、花菜。
5. 煮片刻后捞出，盛入大碗中。
6. 在大碗中加入卷心菜。
7. 放入黄瓜、青椒、芹菜。
8. 加入葱、丁香、桂皮、干辣椒、黑胡椒。
9. 再放入盐、白糖、白醋、白酒，加适量温水搅拌均匀。
10. 把所有材料转入玻璃罐中，压实压紧。
11. 加盖，在室温下密封2天。
12. 将腌好的泡菜取出即可。

小提示 挑选卷心菜时，要选择完整、无萎蔫的。

西式咖喱泡菜

材料 大白菜200克，花菜300克，胡萝卜50克，青椒、红椒各15克，咖喱粉10克，干辣椒2克。

调料 盐8克，白醋20毫升。

做法

1. 将去皮洗净的胡萝卜切段，再切成片。
2. 将洗净的红椒切成块。
3. 将洗净的青椒切成块。
4. 将洗净的花菜掰成小瓣。
5. 将洗净的大白菜切成块。
6. 锅中加清水烧开，倒入花菜略煮，再加入大白菜、胡萝卜、红椒、青椒略煮。
7. 将锅里的材料全部捞出。
8. 将焯水后的材料盛入碗中，加盐、咖喱粉、白醋、干辣椒拌匀。
9. 再加入约200毫升的矿泉水，拌匀。
10. 将拌好的材料盛入玻璃罐中，倒入剩余泡汁。
11. 加盖密封，置于阴凉处浸泡1天。
12. 泡菜制成，取出即可食用。

小提示

材料焯水的时间不可太长，否则影响其爽脆度。

西式酱鳕鱼子

材料 鳕鱼子300克。

调料 红辣椒粉、盐、蒜末、姜末、芝麻仁各适量。

做法

1. 在鳕鱼子上撒上盐，腌渍过夜。
2. 取出鳕鱼子，抹上红辣椒粉、蒜末、姜末、盐，一层层放入坛中。
3. 在其表面覆盖一层塑料薄膜，然后在其上压重物。
4. 三周后取出。
5. 撒上芝麻仁后即可食用。

西式酱牡蛎

材料 牡蛎450克。

调料 盐、红辣椒粉、糖、蒜瓣、生姜、熟芝麻各适量。

做法

1. 将牡蛎在盐水中洗净、沥干，撒上盐。
2. 在低温中腌渍2～3天。
3. 用红辣椒粉、糖、蒜、生姜给牡蛎调味。
4. 将牡蛎装入坛中。
5. 撒上熟芝麻。
6. 在阴凉处储藏。

腌泡菜做出美味菜

泡芦笋炒肉片

材料 泡芦笋150克，五花肉100克，姜片、蒜末、葱白各少许。

调料 淀粉8克，芝麻油、盐、老抽、白糖、料酒各少许，食用油适量。

做法

1. 五花肉洗净，切薄片。
2. 起油锅，倒入五花肉炒至出油。
3. 在锅中加盐、老抽、葱白、姜片、蒜末，炒匀。
4. 将泡芦笋倒入锅中，翻炒均匀。
5. 再加入白糖、料酒调味。
6. 把水淀粉倒入锅中，勾芡。
7. 淋上芝麻油，炒均匀。
8. 把菜盛出，装盘即可。

营养分析 猪肉中的蛋白质大部分集中在瘦肉中，而且瘦肉中还含有血红蛋白，可以起到补铁的作用，能够预防贫血。肉中的血红蛋白比植物中的更好吸收，因此，吃瘦肉补铁的效果要比吃蔬菜好。

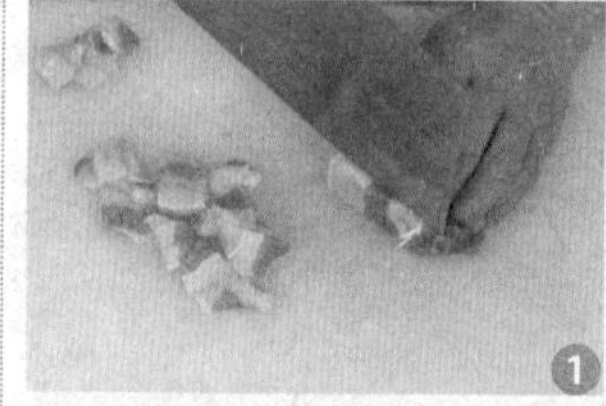
1

2

3

4

5

6

7

8

小提示 切猪肉时最好斜着切。

酸笋炒鸡胗

材料 酸笋200克，处理好的鸡胗80克，青椒片、红椒片、姜片、蒜末、葱白各少许。

调料 料酒、盐、味精、生粉、蚝油、老抽、水淀粉各适量。

做法

1. 将洗净的酸笋切片。
2. 鸡胗切花刀，再切片。
3. 鸡胗加料酒、盐、味精、生粉，腌渍10分钟。
4. 锅中加清水，倒入酸笋。
5. 煮沸后捞出。
6. 倒入腌渍后的鸡胗。
7. 煮沸后捞出。
8. 起锅，倒入姜片、蒜末、葱白和鸡胗炒匀。
9. 加入蚝油、老抽、料酒炒香。
10. 倒入酸笋翻炒至熟。
11. 加入青、红椒，放入盐、味精炒至入味。
12. 加水淀粉勾芡，淋入熟油拌匀盛出。

小提示

刚炒酸笋时宜用小火，以便使笋汁的馊臭味逐渐挥发掉。

酸萝卜炒鸡胗

材料 鸡胗250克，酸萝卜250克，姜片、蒜末、葱白各少许。

调料 味精、盐、白糖、料酒、生粉、辣椒酱、水淀粉各适量。

做法

1. 将处理干净的鸡胗打花刀，再切成片。
2. 鸡胗加入料酒、盐、味精拌匀。
3. 撒上生粉拌匀。
4. 锅中加清水烧开，倒入鸡胗。
5. 汆烫片刻后捞出。
6. 用油起锅，入姜片、蒜末、葱白。
7. 然后倒入鸡胗炒香。
8. 倒入料酒炒匀，再加生粉翻炒匀。
9. 加入酸萝卜翻炒至熟。
10. 放味精、盐、白糖，入少许清水翻炒至入味。
11. 加辣椒酱炒匀。
12. 加入水淀粉，淋入熟油拌匀，盛出即可。

营养分析 酸萝卜中的芥子油能促进胃肠蠕动，增加食欲，帮助消化。酸萝卜中的淀粉酶能分解食物中的淀粉、脂肪，使之得到充分的吸收。

小提示 酸萝卜切片用水泡半小时，可去掉多余的咸酸味。

咸菜肥肠

材料 咸菜200克，熟肥肠150克，红椒20克，姜片、蒜末、葱段各少许。

调料 盐2克，白糖、味精、蚝油、料酒、老抽、水淀粉各适量。

做法

1. 将洗好的咸菜切片，备用。
2. 将煮熟的肥肠切块，备用。
3. 红椒洗净，对半切开，再切成片，备用。
4. 清水烧开，放入切好的咸菜煮沸后捞出。
5. 热锅注油，入姜、蒜、红椒、葱段爆香。
6. 把切好的肥肠到入锅中炒香。
7. 在锅中倒入料酒、老抽翻炒上色。
8. 煮好的咸菜到入锅中，炒1分钟至熟透。
9. 锅中加味精、盐、白糖、蚝油进行调味。
10. 在锅中淋入水淀粉勾芡。
11. 将熟油倒入锅中翻炒均匀。
12. 将炒好的菜盛盘即可。

营养分析 肥肠含有人体必需的钠、锌、钙、蛋白质、脂肪等营养成分，有润肠、补虚、止血之功效，尤其适用于消化系统疾病患者。

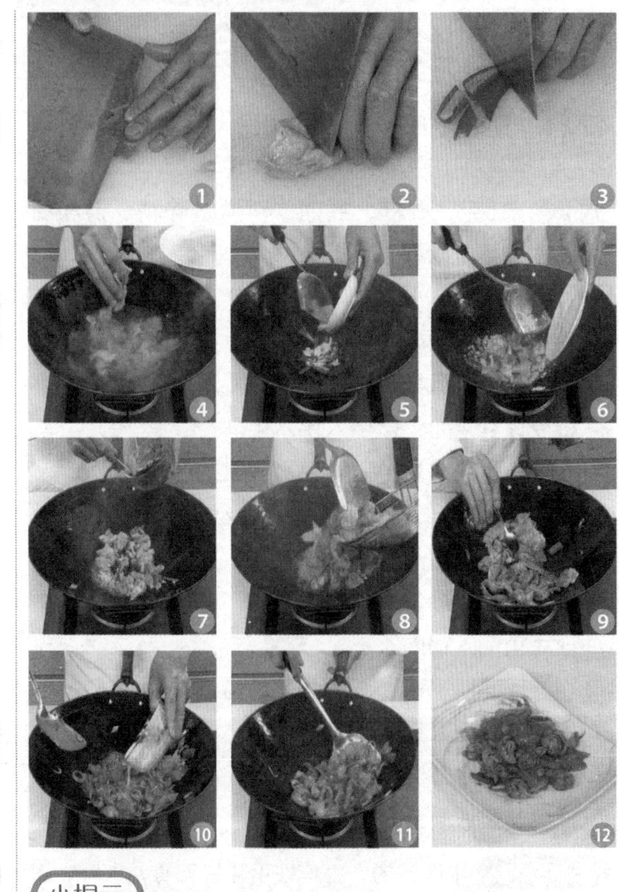

小提示 咸菜比较咸，烹制此菜时不宜加太多盐。

泡鸡胗炒豆角

材料 豆角150克，泡鸡胗70克，姜片、蒜末、葱白、红椒丝各少许。

调料 盐5克，白糖、蚝油、料酒、味精、淀粉各少许，食用油适量。

做法

1. 豆角洗净，切成小段。
2. 在锅中加入适量清水烧开。
3. 将少许食用油、盐倒入沸水中。
4. 入豆角煮约1分钟后，将豆角捞出备用。
5. 起油锅，入姜、蒜、葱、红椒丝爆香。
6. 倒入鸡胗炒匀。
7. 倒入料酒，炒匀。
8. 把豆角倒入锅内。
9. 加盐、味精、白糖、蚝油，炒匀。
10. 把水淀粉倒入锅中，勾芡。
11. 在菜上淋少许油，炒匀。
12. 把菜盛出，装盘即可。

营养分析 中医认为，豆角性平味甘无毒，入脾、胃二经。豆角有健脾补肾的功效，主治消化不良，对尿频、遗精及一些妇科功能性疾病有辅助治疗功效。

小提示 豆角不宜长久保存，建议买回后3～5天吃完。

泡椒鸡胗

材料 鸡胗200克，泡椒50克，红椒圈、姜片、蒜末、葱白各少许。

调料 盐3克，味精2克，蚝油3克，水淀粉、料酒、生粉、老抽各适量。

做法

1. 鸡胗洗净切成片，备用。
2. 泡椒切成小段，备用。
3. 鸡胗加少许盐、味精、料酒拌匀，再加入生粉拌匀，腌渍10分钟入味。
4. 清水烧开，入鸡胗汆水至断生，捞出。
5. 油烧至四成热，倒入鸡胗，滑油片刻捞出。
6. 锅底留油，入姜、蒜、葱、红椒圈爆香。
7. 锅中入泡椒、鸡胗炒约2分钟至熟透。
8. 把盐、味精、蚝油倒入锅中，炒匀调味。
9. 再将少许老抽倒入锅中，炒匀上色。
10. 在锅中加入少许水淀粉勾芡。
11. 将少许熟油淋入锅中，翻炒均匀。
12. 起锅，盛出做好的泡椒鸡胗即可。

小提示

鸡胗汆过水，不要炒太长时间，入味即可。

泡椒小炒花蟹

材料 花蟹2只，泡椒、灯笼泡椒各10克，生姜片、葱段各少许。

调料 盐、白糖、水淀粉、生粉各少许。

做法

1. 灯笼椒、泡椒对半切开备用。
2. 将生粉撒在已处理好的花蟹上。
3. 热锅注油，倒入花蟹炸熟。
4. 捞出炸好的花蟹。
5. 锅底留油，放入生姜煸香。
6. 在锅中倒入少许清水。
7. 将花蟹倒入锅中煮沸。
8. 把盐、白糖加入锅中进行调味。
9. 向锅中倒入灯笼泡椒炒匀。
10. 在锅中淋入少许水淀粉，翻炒均匀。
11. 把少许熟油和葱段倒入锅中拌匀。
12. 将炒好的菜摆入盘中即成。

营养分析 花蟹富含人体所需的优质蛋白质、维生素A、维生素B_1、维生素B_2、维生素E、钙、磷、锌、铁等营养元素，具有清热散结、通脉滋阴、补肝肾、生精髓、壮筋骨之功效。

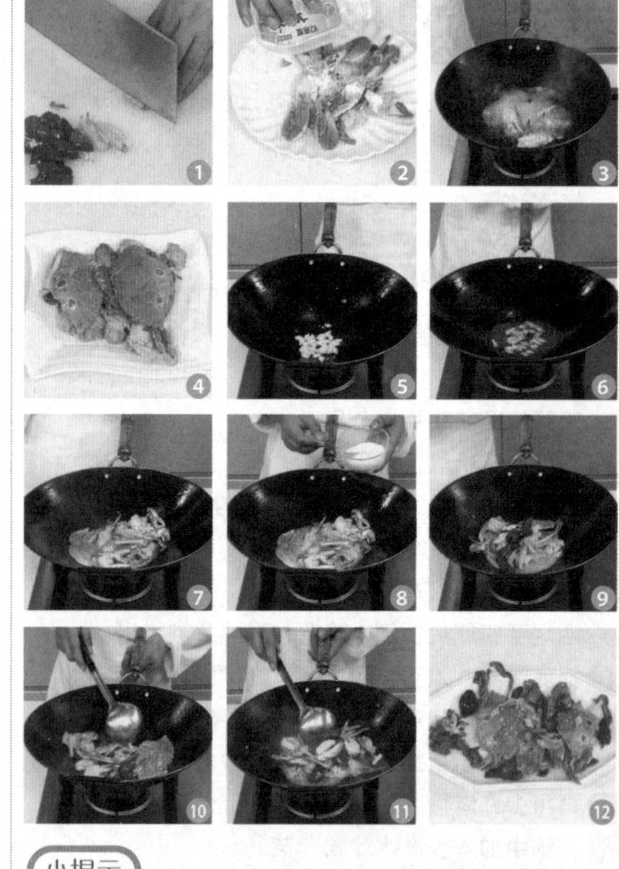

小提示 花蟹宜鲜食，最好现买现吃。

酸豆角肉末

材料 酸豆角200克，剁椒20克，瘦肉100克，葱白、蒜末各少许。

调料 盐3克，水淀粉10毫升，味精3克，白糖3克，料酒3毫升，食用油、芝麻油各适量。

做法

1. 将洗净的酸豆角切成丁。
2. 洗净的瘦肉切碎，剁成肉末。
3. 清水烧开，入酸豆角，加油，煮约1分钟。
4. 将煮好的酸豆角捞出，装入盘中。
5. 用油起锅，倒入蒜末、葱白、剁椒爆香。
6. 倒入肉末炒至白色。
7. 加料酒炒匀。
8. 倒入酸豆角，翻炒约1分钟。
9. 加少许盐、味精、白糖炒匀调味。
10. 加水淀粉勾芡。
11. 加入熟油炒匀，再加入芝麻油炒匀。
12. 盛出装盘即可。

营养分析 酸豆角含大量蛋白质、糖类、磷、钙、铁、维生素B_1、维生素B_2及烟酸、膳食纤维等，有健脾补肾、助消化的功效。

小提示 酸豆角煮好捞出后，宜用清水清洗一下。

酸豆角炒五花肉

材料 五花肉300克，酸豆角100克，蒜苗段20克，红椒、蒜末少许。

调料 盐、味精、白糖、水淀粉、老抽、高汤各适量。

做法

1. 洗好的五花肉切片，备用。
2. 洗净的酸豆角切段，备用。
3. 洗净的红椒切丝，备用。
4. 清水烧开，入酸豆角加盐，焯煮片刻捞出备用。
5. 用食用油起锅，倒入五花肉翻炒至出油。
6. 锅中淋入高汤，加入少许老抽调色炒匀。
7. 把蒜末、酸豆角到入锅中，翻炒均匀。
8. 再把盐、味精、白糖加入锅中调味炒匀。
9. 锅中入清水烧煮片刻，放红椒丝、蒜苗段。
10. 把水淀粉再加入锅中翻炒均匀。
11. 向锅中淋入熟油，搅拌均匀。
12. 将炒好的菜盛出装盘即可。

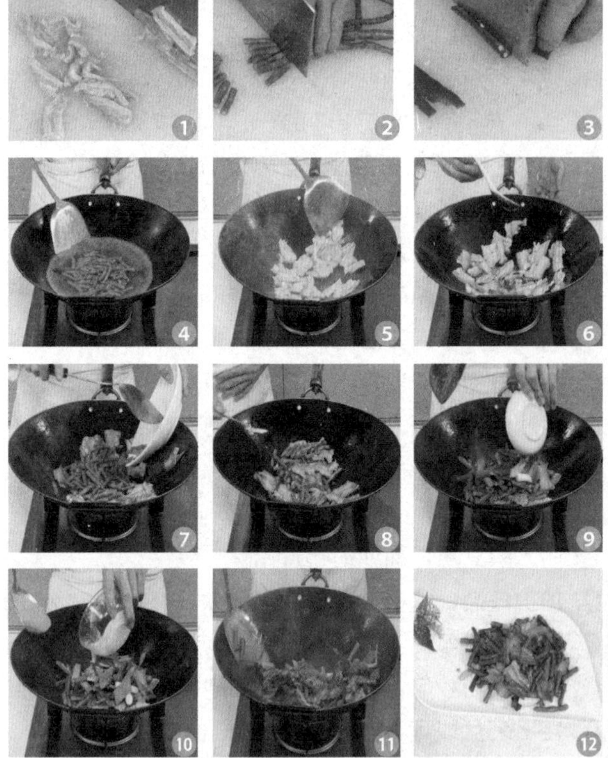

小提示

五花肉不要切得太厚，炒的时候要炒至变色出油。

泡菜炒年糕

材料 泡菜200克，年糕100克，葱白、葱段各15克。

调料 盐、鸡粉、白糖、水淀粉、香油各适量。

做法

1. 将洗净的年糕切块。
2. 装入盘中备用。
3. 锅中加适量清水烧开，倒入年糕。
4. 大火煮约4分钟至熟软后捞出煮好的年糕。
5. 沥干水分，装入盘中备用。
6. 起油锅，倒入葱白、泡菜。
7. 再倒入年糕，拌炒约2分钟至熟。
8. 加入盐、鸡粉。
9. 再放入白糖，炒匀调味。
10. 用少许水淀粉勾芡，再淋入香油炒匀。
11. 撒入葱段，拌炒匀。
12. 盛入盘内即成。

小提示 泡菜本身含较多的盐分，炒制时加少许盐调味即可。

冬笋丝炒蕨菜

材料 冬笋100克，蕨菜150克，红椒20克，姜丝、蒜末、葱白各少许。

调料 食用油30毫升，盐3克，鸡粉、蚝油、豆瓣酱、水淀粉各适量。

做法

1. 将洗净的蕨菜切成段,备用。
2. 已去皮洗好的冬笋切成片，再切成丝备用。
3. 洗净的红椒去籽，先切成段，再切成丝备用。
4. 清水烧开，加入盐、鸡粉、食用油，拌匀。
5. 把蕨菜、冬笋倒入锅中，拌匀。
6. 将材料煮沸后捞出。
7. 热锅注油烧热，入姜片、蒜末、葱白。
8. 锅中加入切好的红椒炒香。
9. 再将冬笋、蕨菜倒入锅中炒匀。
10. 锅中加盐、鸡粉、豆瓣酱、蚝油炒匀，调味。
11. 将少许水淀粉倒入锅中勾芡。
12. 把炒好的菜盛入盘内即可。

营养分析 蕨菜所含的粗纤维能促进胃肠蠕动，具有清肠排毒的作用，尤其适合便秘者和孕产妇食用。

小提示 蕨菜焯后入凉水浸泡半小时以上再炒制，能去除土腥味。

酸豆角炒猪心

材料 猪心300克，酸豆角100克，青红椒片、洋葱片、蒜末、姜片、葱段各少许。

调料 盐、味精、生抽、水淀粉、料酒、生粉、食用油各适量。

做法

1. 将洗净的猪心切成片。
2. 猪心加料酒、盐、味精拌匀。
3. 将少许生粉加入切好的猪心中，拌至入味。
4. 锅中倒入清水烧热，下入酸豆角。
5. 酸豆角焯烫片刻，去除多余咸酸味后捞出，沥干备用。
6. 用油起锅，倒入姜片、蒜末、葱段爆香。
7. 锅中倒入猪心，再放入青红椒片、洋葱片，淋入料酒，翻炒均匀。
8. 将酸豆角加入锅中，炒至熟透。
9. 在锅中加入盐、味精、生抽调味。
10. 把水淀粉淋入锅中，进行勾芡。
11. 再淋入少许熟油拌匀。
12. 炒好的菜出锅，盛入盘中即可。

小提示

猪心在面粉中滚一下，放置1小时后用清水洗净，味美。

酸豆角煎蛋

材料 酸豆角50克，鸡蛋2个，葱花少许。

调料 盐3克，鸡粉2克，水淀粉、胡椒粉、芝麻油、食用油各适量。

做法

1. 将洗好的酸豆角切成丁。
2. 鸡蛋打入碗中，用筷子打散调匀。
3. 锅中加水烧开，倒入酸豆角，煮约1分钟。
4. 捞出焯好的酸豆角，放入蛋液中。
5. 蛋液中加入盐、鸡粉、水淀粉、葱花。
6. 再放入胡椒粉、芝麻油拌匀。
7. 用油起锅，倒入1/3的蛋液，炒至凝固。
8. 将鸡蛋盛出，倒入剩余的蛋液中拌匀。
9. 锅中注油，倒入混合好的蛋液。
10. 慢火煎制，中途晃动炒锅，以免煎煳。
11. 待鸡蛋煎至焦香后翻面，继续煎1分钟。
12. 将煎好的蛋饼盛入盘中即成。

营养分析 酸豆角含大量蛋白质、糖类、磷、钙、铁、维生素及膳食纤维等营养元素，具有健脾补肾、助消化的功效，对尿频、腹胀及一些妇科功能性疾病有辅助治疗作用。

小提示 酸豆角煮好捞出，清洗一下，可以去除部分酸味。

米椒酸汤鸡

材料 鸡肉300克，酸笋150克，米椒40克，红椒15克，蒜末、姜片、葱白各少许。

调料 盐5克，鸡粉3克，辣椒油、白醋、生抽、料酒各适量。

做法

1. 米椒切碎备用。
2. 红椒洗净，切成圈备用。
3. 洗净的鸡肉斩成块，备用。
4. 酸笋切成片。
5. 清水烧开，倒入切好的笋片拌匀，煮沸后捞出。
6. 起油锅，倒入姜片、葱白、蒜末，爆香。
7. 锅中倒入鸡块翻炒，淋入适量料酒。
8. 把切好的酸笋倒入锅中拌炒均匀。
9. 将切好的米椒、红椒圈倒入锅中炒匀。
10. 在锅中加入适量清水、辣椒油、白醋、盐、鸡粉、生抽，盖上锅盖。
11. 中火焖煮约10分钟。
12. 将煮好的菜盛出装盘即可。

小提示

烹饪后再去皮，可以减少脂肪摄入，且让鸡肉更鲜美。

香瓜酸汤鸡

材料 鸡肉200克，泡香瓜150克，姜片、葱花、葱白各少许。

调料 盐、鸡粉、料酒、水淀粉、食用油适量。

做法

1. 洗净的鸡肉斩成小块，装入碗中。
2. 碗中加入少许盐、鸡粉，用手抓匀。
3. 将少许料酒倒入碗中拌匀。
4. 用油起锅，倒入姜片、葱白爆香。
5. 倒入鸡块，翻炒至转色。
6. 淋入料酒，炒香去腥。
7. 倒入200毫升清水，加入泡香瓜。
8. 盖上锅盖烧开后，转小火煮5分钟。
9. 揭盖，加水淀粉勾芡。
10. 撒入葱花炒匀。
11. 拌匀略煮片刻。
12. 盛出装盘即可。

营养分析 香瓜的营养价值可与西瓜媲美。中医确认香瓜具有“消暑热，解烦渴，利小便”的显著功效。多食香瓜，有利于人体心脏和肝脏以及肠道系统的活动，可增强内分泌和造血机能。

小提示 夏季烦热口渴者、口鼻生疮者适合食用香瓜。

葱头焖鳜鱼

材料 泡红皮葱头100克，鳜鱼550克，朝天椒末、蒜末、葱段、姜末各少许。

调料 盐13克，白糖5克，水淀粉10毫升，鸡粉、生粉、老抽、生抽、食用油各适量。

做法

1. 将洗净的泡红皮葱头切成片，备用。
2. 把宰杀处理干净的鳜鱼装入盘中，用盐抹匀。
3. 在鱼两面抹上生粉，腌渍10分钟入味。
4. 油烧至五成热，放入鳜鱼，炸约2分钟至熟。
5. 将炸好的鳜鱼捞出，沥干油备用。
6. 锅底留油，倒入姜片、蒜末、朝天椒爆香。
7. 倒入葱头炒匀。
8. 倒入清水，加盐、白糖、鸡粉、老抽、生抽煮沸。
9. 倒入鳜鱼，烧开后加盖，小火焖5分钟至熟透。
10. 揭盖，将鳜鱼盛出装盘。
11. 锅中原汤汁加水淀粉勾芡，调成浓汁。
12. 把浓汁浇在鳜鱼上，加少许葱段即成。

营养分析 鳜鱼肉质细嫩、厚实、少刺，含丰富的蛋白质、脂肪、维生素、烟酸及钙、磷、铁等矿物质，具有补气血、健脾胃之功效，可强身健体、延缓衰老。

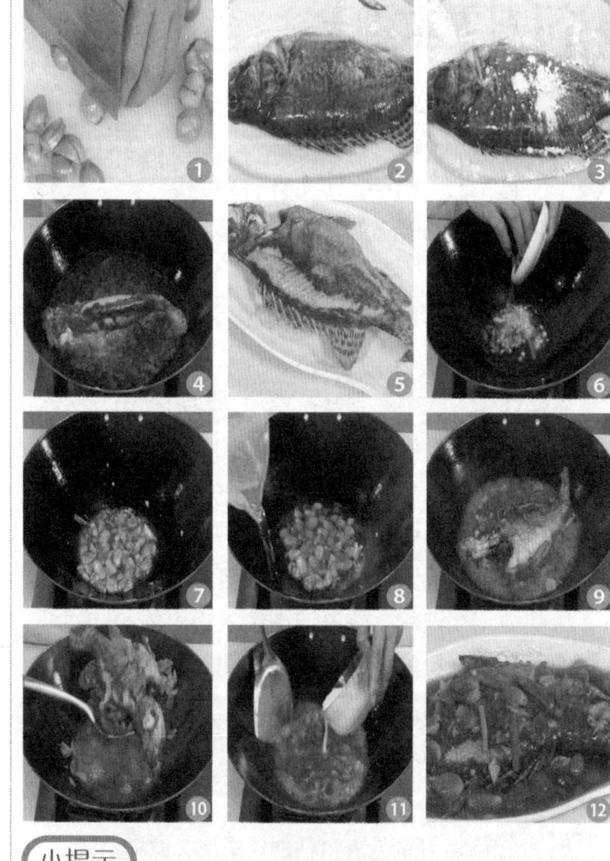

小提示 在原汤汁中加少许蚝油和辣椒油，味道更鲜香。

泡椒牛蛙

材料 牛蛙200克，灯笼泡椒20克，干辣椒2克，红椒段、蒜梗各10克，姜片、蒜末、葱白各少许。

调料 盐3克，水淀粉10毫升，鸡粉3克，生抽3毫升，蚝油3克，食用油、料酒各适量。

做法

1. 宰杀处理干净的牛蛙切去蹼趾、头部，斩成块。
2. 灯笼泡椒对半切开，备用。
3. 牛蛙块装入碗中，加盐、鸡粉、料酒拌匀。
4. 在碗中加入少许食用油，腌渍10分钟。
5. 油起锅，倒入姜片、蒜末、葱白、干辣椒爆香。
6. 把牛蛙倒入锅中，炒至变色。
7. 在锅中淋入料酒、蚝油翻炒均匀。
8. 将蒜梗、红椒段、灯笼泡椒倒入锅中炒匀。
9. 把生抽、鸡粉加入锅中，炒匀调味。
10. 在锅中淋入水淀粉进行勾芡。
11. 把少许熟油倒入锅中炒匀。
12. 将炒好的菜盛出装盘即可。

营养分析 牛蛙的营养价值非常丰富，味道鲜美，富含蛋白质，是一种低脂肪、低胆固醇的营养食品，备受人们的喜爱。牛蛙还有滋补解毒的功效。

小提示

腌渍牛蛙时，要充分搅拌，使调料均匀粘附到牛蛙上。

泡椒鸭肠

材料 鸭肠160克，灯笼泡椒120克，泡小米椒100克，蒜苗段50克，青椒片、红椒片各15克。

调料 盐2克，味精、白糖、料酒、水淀粉、食用油各适量。

做法

1. 将洗净的鸭肠切段。
2. 泡椒对半切开。
3. 炒锅注油，烧至四成热。
4. 倒入蒜苗段炒香。
5. 放入洗净的鸭肠拌炒1分钟至熟。
6. 再倒入小米椒，淋入少许料酒。
7. 再加入灯笼泡椒。
8. 加入切好的青椒片、红椒片拌炒1分钟。
9. 放入盐、味精、白糖、料酒炒匀。
10. 用水淀粉勾芡。
11. 翻炒匀至入味。
12. 出锅前淋入熟油即成。

营养分析 鸭肠富含蛋白质、维生素A、维生素C和钙、铁等营养元素，对人体新陈代谢，神经、心脏和视觉的维护都有良好的作用。

小提示

在水中放入少许盐和醋，这样更容易将鸭肠洗净。

泡菜焖黄鱼

材料 泡菜80克，黄鱼1条，姜片、蒜片、葱段各少许。

调料 白酒20毫升，水淀粉10毫升，淀粉10克，豆瓣酱8克，老抽5毫升，盐5克，白糖、味精各少许。

做法

1. 黄鱼宰杀处理干净，盛入盘中，撒上盐，抹匀。
2. 浇入少许白酒，撒入淀粉，抹匀，腌渍15分钟。
3. 油烧至六成热，放入黄鱼，炸约2分钟。
4. 将炸好的黄鱼捞出备用。
5. 锅留底油，入姜片、蒜片、葱段和泡菜，爆香。
6. 淋入少许白酒，倒入少许清水煮沸。
7. 加味精、盐、白糖、老抽，拌匀调味。
8. 加入豆瓣酱，拌匀。
9. 放入黄鱼，煮约1分钟入味。
10. 将煮好的黄鱼捞出装盘。
11. 锅中原汤汁加少许水淀粉勾芡，调成稠汁。
12. 将调好的稠汁浇在鱼身上即成。

营养分析 黄鱼含有多种氨基酸和大量蛋白质，且没有碎刺，最适合老人、儿童和久病体弱者食用。中医认为，黄鱼有健脾开胃、安神止痢、益气填精之功效。

小提示 黄鱼不能用牛、羊油煎炸。

酸板栗焖排骨

材料 排骨500克，泡板栗300克，葱白、姜片、蒜末各少许。

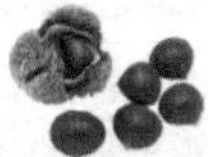

调料 淀粉20克，芝麻油、盐、料酒、生抽、白糖、蚝油、鸡粉、味精各少许，食用油适量。

做法

1. 排骨洗净，斩成块。
2. 排骨加盐、味精、料酒、生抽，搅拌均匀。
3. 在排骨中加淀粉，拌匀，腌渍约10分钟。
4. 油烧至四成熟，入排骨滑油至断生，捞出。
5. 底油中倒入姜片、蒜末、葱白爆香。
6. 再次倒入排骨，加入料酒，炒约1分钟至热。
7. 将泡板栗倒入锅中，炒匀。
8. 清水加盐、味精、白糖、蚝油、鸡粉拌匀。
9. 盖上锅盖，慢火焖15分钟。
10. 把水淀粉倒入锅中，勾芡。
11. 在锅中淋入芝麻油，炒匀。
12. 把菜盛出，装盘即可。

小提示 新鲜猪肉的表面不黏手，气味正常。

泡黄豆焖猪皮

材料 泡黄豆150克，熟猪皮200克，红椒片、姜片、蒜末、葱白各少许。

调料 盐、味精、料酒、生抽、水淀粉、老抽、食用油各适量。

做法

1. 将洗净的猪皮先切成条，再切成丁。
2. 油烧至五成热，倒入猪皮，炒至出油。
3. 将老抽倒入锅中。
4. 炒至猪皮均匀上色。
5. 倒入红椒片、姜片、蒜末、葱白炒香。
6. 倒入泡黄豆炒约1分钟。
7. 锅中加入盐、味精炒匀。
8. 在菜上淋入料酒炒至入味。
9. 注入少许清水，加入生抽炒匀，煮片刻。
10. 加入少许水淀粉勾芡。
11. 淋入少许熟油炒匀。
12. 盛入盘内即可。

小提示 猪皮要仔细刮干净猪毛，洗干净。

泡椒腰花

材料 猪腰300克，泡椒35克，红椒圈、蒜末、姜末各少许。

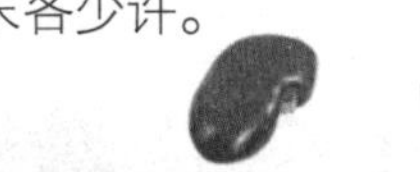

调料 盐3克，味精2克，料酒、辣椒油、花椒油、生粉各适量。

做法

1. 泡椒切碎备用。
2. 将洗净的猪腰对半切开，先切去筋膜，再 将猪腰切麦穗花刀，最后切片。
3. 猪腰倒入碗中加入料酒、盐、味精拌匀。
4. 碗中倒少许生粉搅拌，腌渍约10分钟。
5. 清水烧开，入腰花煮约1分钟至熟捞出。
6. 取一碗，倒入煮好的腰花。
7. 在碗中加入泡椒。
8. 把红椒圈、蒜末、姜末倒入碗中拌匀。
9. 将盐、味精、辣椒油倒入碗中。
10. 把碗中的材料拌匀。
11. 在碗中淋上花椒油搅拌均匀。
12. 将拌好的腰花盛入盘中即可。

小提示 猪腰不宜久存，宜现买现做。

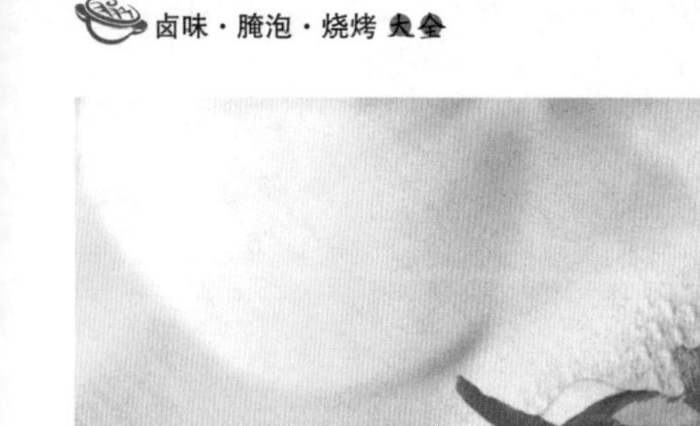

咸菜炒青椒

材料 咸菜250克，青椒100克，蒜末、姜片、葱白各少许。

调料 白糖、盐、蚝油各适量。

做法

1. 将洗净的青椒对半切开去籽。
2. 把青椒切丝。
3. 咸菜切丝。
4. 锅中加清水烧开，倒入咸菜焯片刻。
5. 捞起咸菜沥干水分。
6. 另起锅倒入适量食用油。
7. 倒入蒜末、姜片、葱白爆香。
8. 倒入咸菜翻炒匀。
9. 加白糖、盐调味。
10. 再加入青椒炒匀。
11. 放蚝油炒匀。
12. 盛出装入盘中即可。

营养分析 青椒果肉厚而脆嫩，维生素C含量丰富，它特有的味道有刺激唾液分泌的作用，所含的辣椒素能增进食欲、帮助消化、防止便秘。

小提示 加热时间不要太长，以免维生素C损失过多。

第4部分

烧烤

可以说，烧烤是人类最原始的烹调方式，这种方法烹饪出来的菜肴具有外焦里嫩的特色。现代社会，独自烧烤几乎是很少见的，它通常是家庭、朋友聚会的集体活动，是人们沟通情感的媒介。随着科技的发展和烹饪水平的提高，足不出户就能吃上烧烤已经成为了现实。

孜香法式羊扒

材料 羊排250克，红椒15克，生菜叶6片。

调料 盐2克，酱油8克，辣酱适量，料酒适量，孜然粉适量，葱少许。

做法

1. 羊排洗净，斩段，用盐、料酒、酱油腌渍。
2. 生菜叶洗净，摆盘铺底。
3. 红椒洗净，切丁.
4. 葱择洗干净，切成葱花。
5. 将孜然粉、辣酱均匀涂在羊排表面，放进烤箱烤熟，取出摆盘。
6. 撒上红椒丁、葱花即可。

酱汁烧鸭

材料 鸭半只，熟芝麻适量。

调料 盐、糖、胡椒粉、甜面酱各适量。

做法

1. 锅置火上，放入所有调味料，加入适量清水煮成酱汁。
2. 将鸭身均匀地刷上酱汁。
3. 烤箱预热，将鸭肉放入，开火120℃烤7分钟，中途再刷一次酱汁。
4. 待鸭熟后，取出切块，淋上酱汁，撒上熟芝麻即可。

烤羊肉串

材料 羊肉100克，洋葱片20克。

调料 孜然粉4克，辣椒粉、盐各5克。

做法

1. 将羊肉洗净，斩小块，用盐、洋葱片腌30分钟后串起。
2. 将羊肉串置火上烤。
3. 羊肉串八成熟时，撒孜然粉、辣椒粉添味即可。

日式孜然羊排

材料 羊排450克，孜然粒25克。

调料 蒜头、葱丝各10克，酱油、胡椒粉、料酒各适量。

做法

1. 羊排洗净汆水；蒜头去皮剁蓉。
2. 把羊排与酱油、胡椒粉、料酒、蒜蓉调匀，腌渍1个小时，然后将蒜蓉夹出不要。
3. 将烤箱温度调至180℃，预热10分钟左右，然后放入羊排，烤20分钟，中途再将剩余的酱汁刷在羊排上，撒上孜然粒，再入烤箱，烤20分钟，烤至羊排表面呈金黄色时取出，再刷上酱料，撒上葱丝即可。

椒盐烧牛仔骨

材料 带骨牛小排400克，柠檬、圣女果各少许。

调料 椒盐少许。

做法

1. 牛小排洗净，剁成段，入水汆烫，洗去血水。
2. 将牛小排放入预热的烤箱内，以200℃的温度烤20分钟。
3. 柠檬、圣女果洗净，切好。
4. 往烤好的牛小排上撒些椒盐，配柠檬、圣女果食用。

照烧牛扒

材料 牛扒肉150克，吐司1片。

调料 柠檬汁、黑椒粉、牛肉粉、盐、鸡精、酱油、熟芝麻各适量，吐司酱少许。

做法

1. 牛扒洗净，用柠檬汁、黑椒粉、牛肉粉、盐、鸡精、酱油调成的酱汁腌渍牛扒。
2. 吐司切成三角片。
3. 烤箱预热至200℃，放入牛扒，撒上芝麻，烤7分钟，翻面，涂上酱汁，再烤7分钟盛盘。
4. 将吐司略煎即可装盘，食用时蘸以吐司酱。

孜然寸骨

材料 羊排200克，红椒15克。

调料 盐2克，料酒8克，孜然粉适量，葱花少许。

做法

1. 羊排洗净，斩段，放沸水中汆一下，然后抹盐、料酒腌渍片刻。
2. 红椒洗净，切丁。
3. 将孜然粉均匀涂在羊排表面，放进烤箱烤熟，取出摆盘。
4. 撒上红椒丁、葱花即可。

碳烧羊鞍

材料 羊鞍250克，西兰花100克，西红柿1个，蒜蓉5克。

调料 盐、鸡精各5克，香草3克，牛油10克，烧汁150克。

做法

1. 将羊鞍解冻，切件，放入盐、鸡精腌2~3分钟；西兰花、西红柿洗净切件，将西兰花焯水。
2. 将羊鞍放入碳炉中，烧至熟装碟。
3. 热锅煮开牛油，放入香草、蒜蓉炒香，放入烧汁煮开，淋在羊鞍上，西兰花、西红柿伴碟即可。

烤黑胡椒鲔鱼

材料 冷冻鲔鱼600克，豆芽50克。

调料 嫩生姜30克，沙拉用蔬菜（菊苣、生菜叶等）100克，意大利综合香料，盐、黑胡椒、橄榄油各适量。

做法

1. 将冷冻鲔鱼块洗净，放在铁盘中，撒上盐后，将其表面蘸满黑胡椒盐。
2. 将豆芽洗净；将嫩生姜切丝；将菊苣叶等沙拉用生菜放在碗中以冷水浸泡。
3. 在烤盘上先涂上橄榄油后，入鲔鱼块，放入烤箱以170℃烘烤约8分钟。
4. 取出切片装盘，在鲔鱼片上摆放菊苣等生菜叶子，再撒上意大利综合香料。

可汗大排

材料 羊排300克，生菜2片，花生米20克。

调料 盐2克，酱油10克，孜然粉适量，红椒丁少许，料酒10克，面粉糊适量，葱花少许。

做法

1. 羊排洗净、斩段，抹盐、料酒、酱油腌渍片刻。
2. 花生米洗净。
3. 生菜洗净摆盘。
4. 油锅烧热，放花生米炸至变色，起锅控油。
5. 羊排裹上面粉糊，撒上孜然粉放烤箱烤熟，取出摆盘。
6. 撒上花生米、红椒丁、葱花即可。

日式烤银鳕鱼

材料 银鳕鱼300克，圣女果适量发。

调料 蒜头30克，盐5克，胡椒粉3克，意大利酱汁少许。

做法

1. 银鳕鱼切片，加盐、胡椒粉及意大利酱汁腌渍10分钟；蒜切片；圣女果对切。
2. 烤箱预热，放入银鳕鱼、蒜片烤制15分钟左右后拿出。
3. 装盘，配圣女果食用。

酱烧银鳕鱼

材料 银鳕鱼腩500克。

调料 美极酱油50克，麻油20克，蒜汁20克，盐4克，味精2克，沙拉酱30克。

做法

1. 将银鳕鱼腩刮去鳞，拆去骨，洗净备用。
2. 将备好的银鳕鱼放入盘中，调入美极酱油、麻油、蒜汁、盐、味精拌匀，腌制2分钟。
3. 将腌好的鱼腩送入烤炉，以中火烤熟后，点上沙拉酱即成。

日禾烧银鳕鱼

材料 银鳕鱼100克。

调料 盐2克，味精3克，柠檬1片，牛油5克，日禾酱50克。

做法

1. 将银鳕鱼洗净，切块，用调味料腌制入味。
2. 扒炉上火，倒入牛油烧热，放入银鳕鱼煎至熟。
3. 取出摆入碟中，涂上日禾酱放入炉中烤至金黄色即可。

羊头捣蒜

材料 羊肚、羊肉各150克，羊头骨1个，红椒适量。

调料 盐2克，酱油、料酒各8克，葱花少许。

做法

1. 羊肚、羊肉分别洗净，切条，用盐、料酒腌渍；羊头骨洗净，对切；红椒洗净、切丁。
2. 锅内加适量清水烧开，加盐，放羊肚、羊肉汆至肉变色，捞起沥水，抹上酱油，填入羊头骨中，放烤箱中烤熟。
3. 取出，撒上红椒丁、葱花即可。

风味羊棒骨

材料 羊棒骨750克，青、红椒20克。

调料 辣椒粉20克，胡椒粉、麻油、盐各适量。

做法

1. 羊棒骨洗净；青红椒洗净切丁。
2. 将羊棒骨放入烤箱，边烤边刷麻油，直至烤熟。
3. 将烤好的羊棒骨放入盘中，撒上辣椒粉、胡椒粉、盐即可。

精品烤鸭

材料 鸭1只。

调料 盐2克，料酒、生抽各8克，糖浆20克，葱段、蒜末、姜片、八角、桂皮各适量。

做法

1. 鸭洗净，内外抹上盐，放在大的容器中，到入料酒、生抽、葱段、蒜末、姜片、八角、桂皮，腌渍入味。
2. 将腌渍好的鸭肉放沸水中氽一下，捞出沥水；将糖浆均匀涂在鸭的表面。
3. 将鸭放进烤箱中烤熟，取出摆盘即可。

虾酱鸡翅

材料 鸡翅400克。

调料 水淀粉20克，虾酱10克，盐、香油各适量。

做法

1. 鸡翅洗净。
2. 鸡翅下入沸水煮熟，捞出。
3. 将鸡翅加入水淀粉、虾酱、料酒、盐腌渍片刻。
4. 将鸡翅放入烤箱，淋上香油，烤至外表呈金黄色即可。

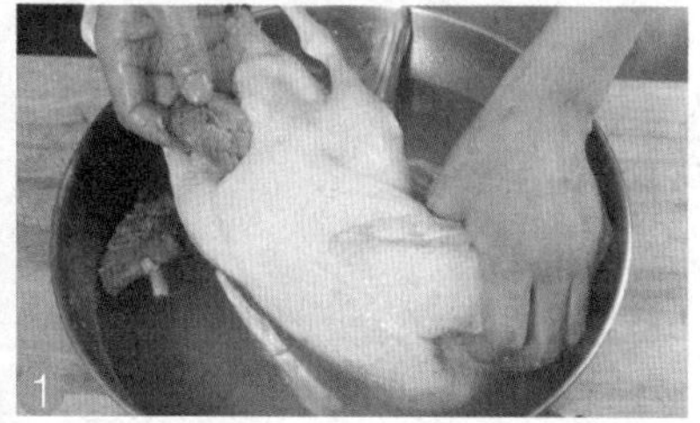

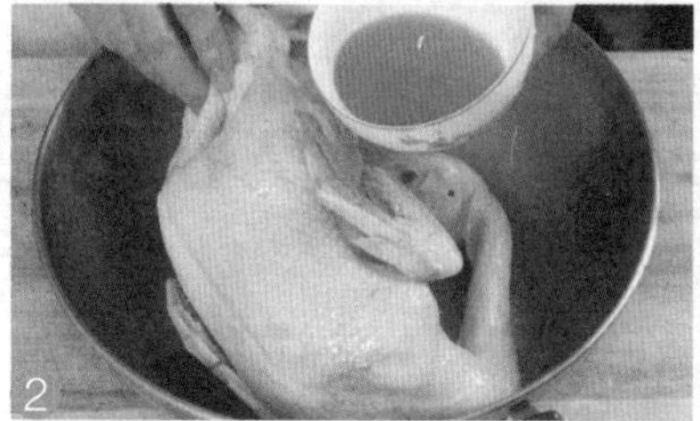

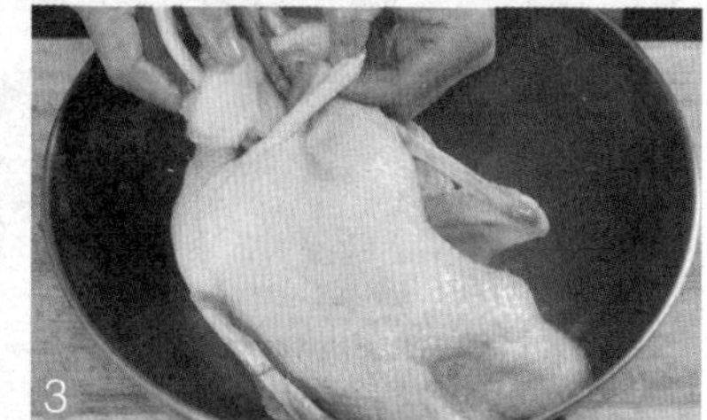

京都片皮鸭

材料 光鸭1只，葱2根，姜2片，千层饼24件。

调料 麦芽糖10克，淮盐15克，海鲜酱50克，八角3粒。

做法

1. 先在光鸭右翼底开孔，取出肠、内脏、喉管等，洗净内膛，用竹筒撑在胸内；麦芽糖溶于20克水备用。
2. 用滚水烫鸭皮，上糖皮（用煮沸的麦芽糖水涂鸭身），再用2条竹枝撑开两翼，晾干。
3. 把味料、姜、葱放入鸭内膛，并在鸭肛门加上木塞，上叉，用文火先烤头尾，上菜时再用旺火把鸭烤至大红色，与千层饼同上桌。

日禾烧龙虾仔

材料 龙虾仔200克。

调料 日禾酱50克，青酒10克，椒盐1克，牛油10克。

做法

1. 将龙虾仁从背脊开边，清洗干净，沥干水备用。
2. 将龙虾放入扒炉中用牛油煎至八成熟，再调入椒盐和青酒。
3. 盛出再涂上日禾酱，放入炉中烤至金黄色即可。

盐烧平鱼

材料 平鱼600克，洋葱25克，荷叶1张，香菜5克。

调料 盐4克，料酒10克，辣椒酱45克，蒜头15克。

做法

1. 用刀在鱼身两侧各划上两刀，用盐、料酒均匀地涂在鱼身上，腌10分钟；蒜头切末；洋葱切碎；香菜切段。
2. 烤箱预热至200℃，垫上荷叶，放上平鱼，涂上辣椒酱、蒜头、洋葱，烤7分钟，翻面，涂上辣椒酱，再烤7分钟，取出，放香菜点缀即可。

烧鱿鱼圈

材料 鱿鱼500克。

调料 盐4克，干辣椒、蒜头、陈醋、酱油、葱丝各10克。

做法

1. 鲜鱿鱼洗净，去内脏，切成圈。
2. 将鱿鱼圈放入开水中汆烫，捞出，放入冰水浸泡；蒜头去皮切碎，干辣椒切圈。
3. 将鱿鱼圈、蒜头、干辣椒、陈醋、酱油、盐、葱丝一起拌匀，以200℃烤制15分钟。

蒜香章红鱼

材料 章红鱼250克，蒜头30克。

调料 清酒8克，生抽6克，盐3克，黑椒粉、卡夫奇妙酱、芥末酱各适量。

做法

1. 蒜头切片；章红鱼切片状，抹清酒、生抽、盐、黑椒粉、蒜片调成的酱汁，腌15分钟。
2. 烤箱预热至200℃，放入章红鱼，烤10分钟，翻面，涂上酱汁，再烤10分钟，取出即可。
3. 食用时搭配卡夫奇妙酱或芥末酱。

炭烧日本鲮鱼

材料 日本鲮鱼1条。

调料 烧汁50克。

做法

1. 将日本鲮鱼宰杀，取鲮鱼肉去骨洗净备用。
2. 在鲮鱼肉两面皆均匀地涂抹上烧汁。
3. 将抹好烧汁的鲮鱼肉放入烤炉，中火烤约5分钟即可。

岩烧多春鱼

材料 多春鱼350克。

调料 料酒15克，盐5克，姜汁、面粉、熟芝麻各适量。

做法

1. 多春鱼洗净，加入料酒、盐、姜汁稍腌去除腥味。
2. 然后将多春鱼拍上面粉，稍稍抖动去掉多余面粉。
3. 将石头或岩石置于火炉上烧烤至300℃，再放上多春鱼。
4. 撒上熟芝麻，烧至多春鱼呈两面金黄色即可。

芥子汁烧羊腿

材料 羊腿1只，洋葱1个，干葱50克，蒜蓉10克。

调料 西式百能汁1杯，法式芥末1汤匙，盐少许，红酒2汤匙，芥子汁适量。

做法

1. 先将羊腿解冻起骨，加入洋葱、盐、红酒、干葱、蒜蓉腌6~8小时。
2. 放入锅炉焗25分钟，拿出冻好备用。
3. 热锅爆法式芥末，注入百能汁，用汁斗盛起。
4. 羊腿放入微波炉加热后，放入已烧热的铁板中，淋上芥子汁即可。

烤牛小排

材料 牛小排600克。

调料 松子、新鲜香草、葡萄籽油、酱油、砂糖、水梨汁、洋葱汁、蒜泥、清酒、香油、盐、胡椒粉各适量。

做法

1. 将牛小排放入冷水中浸泡，去除血水后，在牛小排上细切几道切痕。将松子切碎后，用厨房纸巾将松子的油脂吸一吸。
2. 将调味料放入碗中搅匀，然后将酱汁淋在牛小排上，放在室温中腌渍。
3. 油烧热，将牛小排入锅煎烤后，排在盘上，再撒上松子和新鲜香草。

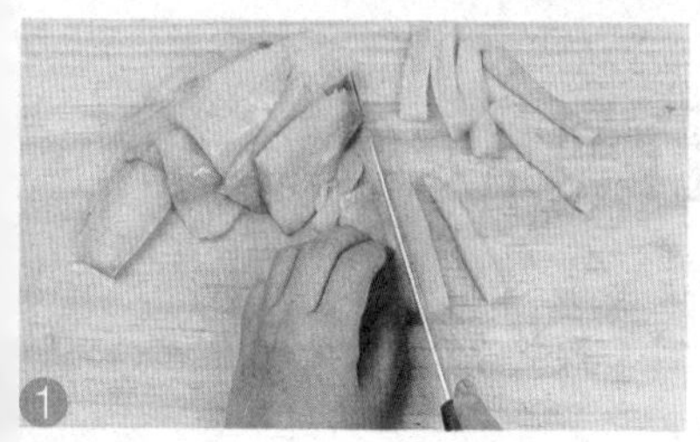

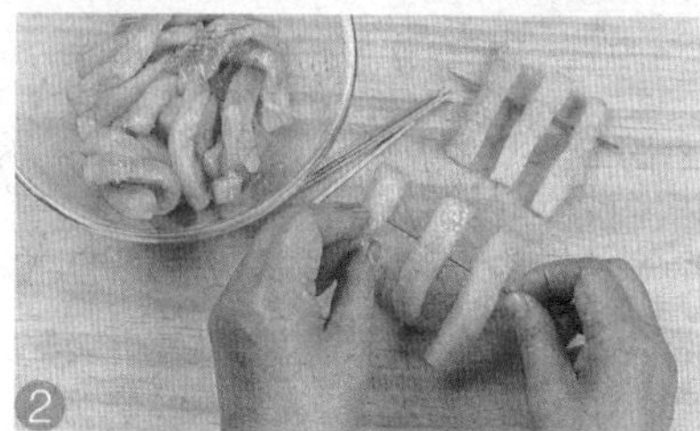

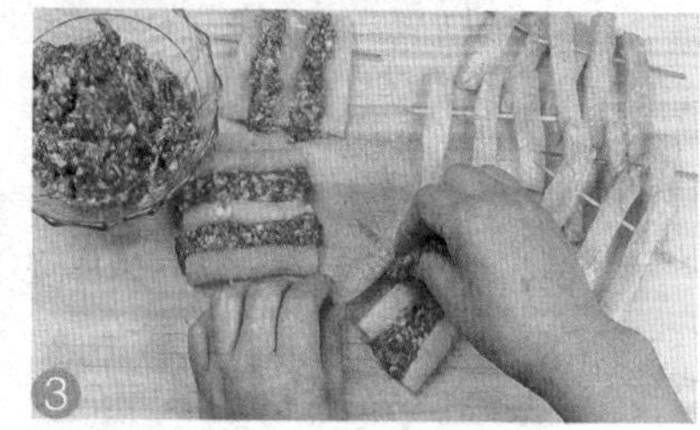

烤鲳鱼串

材料 牛肉115克，鲳鱼2条，樱桃6颗。

调料 酱油、盐、糖、芝麻油、芝麻盐、黑胡椒、大葱、蒜瓣各适量。

做法

1. 将牛肉剁碎，用酱油、糖、芝麻油、芝麻盐、黑胡椒、大葱、蒜瓣腌渍入味。鲳鱼去鳞，去头尾，去内脏，将鲳鱼肉切成0.6厘米宽、6厘米长的长方形薄片。在鱼块中加入盐和芝麻油，腌渍入味。
2. 将鱼块串在竹签上，且在每两块鱼之间留一定的空隙，将牛肉泥填于鲳鱼串的空隙处。
3. 用刀背轻轻敲打鱼肉串，使之变软，然后将鱼肉串放在平底锅中煎熟，出锅装盘，以西芹和樱桃饰菜。

照烧多春鱼

材料 多春鱼400克，包菜、柠檬各少许。

调料 料酒、生抽、鱼露各15克，盐5克。

做法

1. 包菜切丝，撒在盘中；柠檬切片，冷藏。
2. 多春鱼洗净，将料酒、盐、生抽、鱼露调成的酱汁均匀涂抹在鱼身上。
3. 烤箱预热至200℃，放入多春鱼，烤7分钟，翻面，涂上酱汁，再烤7分钟，盛盘，配柠檬食用。

烧多春鱼

材料 多春鱼400克，鸡蛋2个，柠檬1个。

调料 生抽8克，盐、姜汁、蒜头、淀粉各适量。

做法

1. 多春鱼洗净，加入生抽、盐、姜汁腌渍；蒜头去皮，切片；鸡蛋打入碗中，加入淀粉、盐搅成糊；柠檬洗净，切片。
2. 烤箱预热至200℃，放入多春鱼，撒上蒜片，抹上鸡蛋糊，烤7分钟，翻面，再抹上鸡蛋糊，烤7分钟，盛盘，食用时配以柠檬片即可。

日式烧鳗鱼

材料 鳗鱼400克。

调料 盐3克，醋、姜汁、日式烧汁、料酒、蜂蜜、熟芝麻各适量。

做法

1. 鳗鱼用醋洗净黏液，用清水冲洗干净，将鱼洗净，切成块，用姜汁、日式烧汁、料酒腌渍。
2. 将日式烧汁和蜂蜜拌匀，用竹签将鳗鱼块串起来，刷上调好的汁，放火上烤至金黄，边烤边刷，并加少许盐，烤熟后撒上熟芝麻即可。

串烧牛肉

材料 牛肉400克，紫苏叶2片。

调料 酱油8克，蒜泥、姜汁各15克，胡椒粉、芝麻酱、蚝油、盐各适量。

做法

1. 牛肉洗净，切块，用刀背拍松，用酱油、蒜泥、姜汁、胡椒粉、芝麻酱腌渍好。
2. 紫苏叶洗净。
3. 将腌好的牛肉用竹签串好，放在火上，边刷蚝油边烤，撒少许盐，烤香。
4. 放在紫苏叶上即可。

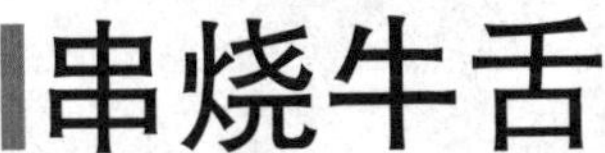

串烧牛舌

材料 牛舌150克，柠檬、生菜、圣女果各25克。

调料 盐4克，料酒、蚝油、胡椒粉、酱油、白糖、黄油各10克。

做法

1. 牛舌切块，串在竹签上，抹上盐、料酒、蚝油、酱油，腌渍30分钟。
2. 柠檬切片。
3. 烤箱调至140℃，预热10分钟，放入牛舌烤15分钟，中途涂上由酱油、胡椒粉、白糖、黄油调成的酱料。

串烧鸡肉

材料 鸡肉350克，鸡蛋2个，紫苏叶2片。

调料 盐4克，玉米淀粉、蚝油、胡椒粉各适量。

做法

1. 鸡肉洗净，切块；将鸡蛋打入碗中，加入玉米淀粉、盐搅拌成糊状；紫苏叶洗净。
2. 将鸡肉放入蛋糊中腌渍半小时，用竹签将鸡肉串好，放在火上边烤边刷蚝油，撒上胡椒粉烤香，放在紫苏叶上即可。

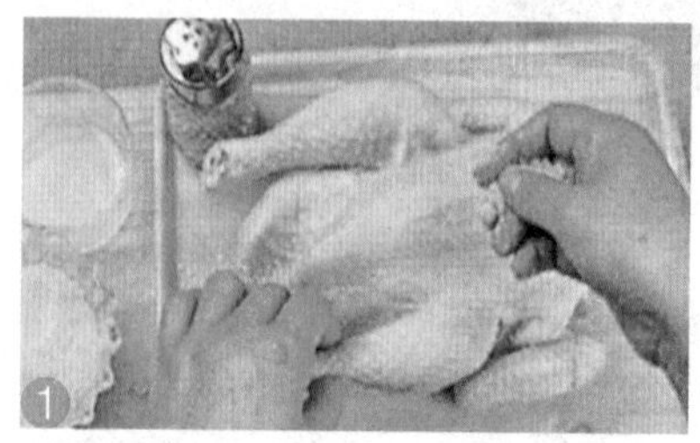

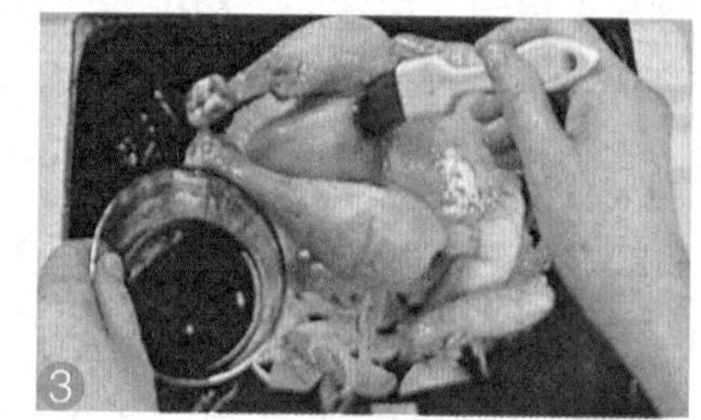

盛装烤鸡

材料 鸡1只，洋葱1个，胡萝卜1个，西芹若干，西红柿1个，丝带1条。

调料 盐、黄油、甜酱、生姜、黑胡椒、姜汁各适量。

做法

①将鸡洗干净，撒上盐、黑胡椒、姜汁，腌渍片刻。切除鸡头，用鸡脖上的皮包住切口，并用牙签将其固定。使鸡翅朝后放，将鸡腿掰开；洋葱和胡萝卜切成薄薄的条状。

②将一部分蔬菜放在烤盘底部，将鸡置于其上，然后将剩下的蔬菜盖在鸡上。

③将鸡和蔬菜放入烤箱烤10分钟，再将蔬菜从烤盘中取出，将鸡放入烤炉中单独烤10分钟，然后将鸡取出，涂上甜酱，再烤20分钟，将烤好的鸡装盘，在鸡腿上包上锡纸，在鸡脖上系上粉色丝带，并用西红柿和西芹作点缀。

烤宫廷牛肉饼

材料 牛肉600克，梨汁70克，生菜50克。

调料 松子粉、酱油、糖、蜂蜜、葱末、蒜泥、生姜汁、芝麻盐、胡椒粉、芝麻油各适量。

做法

1. 用酱油、糖、蜂蜜等做成调味酱料，牛肉里放入调味酱料，腌渍30分钟左右。
2. 加热的铁支子上抹上食用油，将腌好的牛肉一片片整齐地放上，将铁支子放在离大火约15厘米高的位置，正面烤3分钟。
3. 背面烤2分钟左右，烤时注意别烤糊，在牛肉饼上撒上松子粉，配生菜上桌。

烤牛肠

材料 牛肠、大葱、大蒜、生菜、茼蒿各适量。

调料 盐、芝麻油、红椒粉、黑胡椒各适量。

做法

1. 牛肠洗净切段，加入芝麻油、黑胡椒、盐，拌匀；大蒜剥皮洗净。
2. 将烤架烧热，抹上一层油，放牛肠翻烤，刷上红椒粉，并将大蒜放在烤架边上，小烤片刻；生菜、茼蒿洗净，铺于盘中。
3. 将烤熟的牛肠置于盘中，摆好盘即可。

烤鲑鱼

材料 鲑鱼1条，柠檬片、生菜叶少许。

调料 盐、辣椒粉、酱油各适量。

做法

1. 鲑鱼洗净，切成块，并在每块上刻痕，然后撒上盐、辣椒粉，腌渍入味。
2. 将鲑鱼放在烤架上烤熟，刷上酱油。
3. 在盘中放一层生菜叶，将鱼放于其上，以柠檬片饰菜，即可。

鲜烤马鲛鱼

材料 马鲛鱼1条，萝卜丝、黄瓜片、柠檬片、西芹各适量。

调料 盐5克。

做法

1. 马鲛鱼洗净切块，打上花刀，用盐腌渍片刻；烤架上抹上油，将腌渍过的鱼放上去翻烤至熟。
2. 在盘中铺一层萝卜丝，将烤好的鱼置于其上，并以西芹、黄瓜、柠檬片饰菜。

烤加文鱼

材料 加文鱼1条，西红柿片、生菜叶、黄瓜片各适量。

调料 盐、蒜末、红辣椒粉、芝麻油各适量。

做法

1. 加文鱼治净，划上刀花加盐腌渍一会。
2. 将各种调味料制成调味酱，在加文鱼上刷上调味酱，放到烤架上用中火烤熟。
3. 将鱼装盘，并用生菜叶、西红柿片、黄瓜片装饰即可。

烧生蚝

材料 生蚝1只。

调料 蒜蓉10克，盐2克，味精3克，油50克。

做法

1. 将生蚝开边，清洗干净备用。
2. 锅中倒入油烧热，加入调味料拌匀，即成烧蚝汁。
3. 将生蚝放进烧炉，淋上烧蚝汁烧至熟即可。

串烧大虾

材料 大虾150克。

调料 盐3克，姜汁、料酒、生抽、蚝油、黑椒粉各适量。

做法

1. 大虾去除内脏，挑去沙线，放料酒、姜汁、盐、生抽腌渍。
2. 将大虾用竹签串起来。
3. 将大虾放入火上，边烤边刷上蚝油，撒少许黑椒粉。
4. 烤出香味，装盘即可。

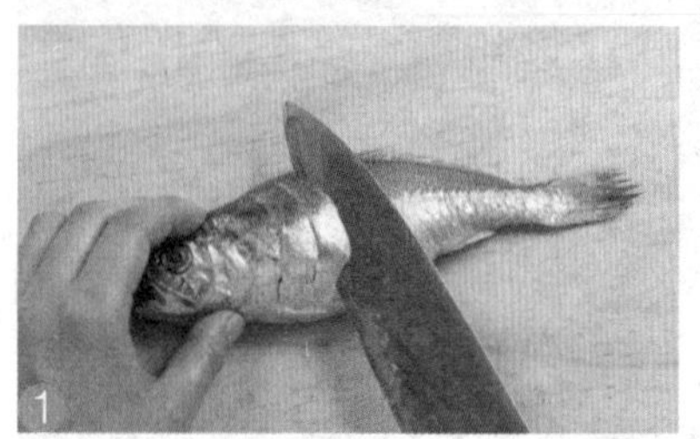
1

2

3

调味烤黄鱼

材料 黄鱼500克，柠檬片适量。

调料 酱油6克，糖6克，辣椒酱57克，葱末4.5克，蒜泥2.8克，生姜汁5.5克，芝麻盐1克，胡椒粉0.1克，芝麻油13克，盐、食用油各适量。

做法

1. 黄鱼洗净，正、反两面撒上盐，腌渍30分钟左右。黄鱼以宽2厘米左右为间隔斜划上刀痕。在划好刀痕的黄鱼上抹酱油、芝麻油腌渍10分钟左右。
2. 酱油、糖、辣椒酱、葱末、蒜泥、生姜汁、芝麻盐、胡椒粉、芝麻油混合做成调味酱料。
3. 加热的铁支子上抹食用油，放上黄鱼，将铁支子放在距离火15厘米左右高的位置上，用中火正面烤4分钟，翻过来背面烤3分钟左右。黄鱼煎至颜色呈金黄色时，抹调味酱料，用中火正面烤10分钟，翻过来背面烤10分钟左右。

烤乳酪鲭鱼

材料 鲭鱼250克，洋葱60克，乳酪块30克，高汤、青椒各适量。

调料 盐2克，大蒜5克，番茄酱、胡椒粉各适量。

做法

1. 鲭鱼用盐、胡椒粉调好味。腌渍15分钟。
2. 洋葱、大蒜均洗净，切末，入锅炒片刻后，再放入番茄酱稍翻炒，倒入高汤、盐、胡椒粉做成酱汁。青椒去籽，洗净，切圈；乳酪切末，备用。腌好的鲭鱼入锅煎至两面金黄。
3. 把酱汁涂抹在鲭鱼上，并放上青椒圈和乳酪末，用微波炉烤至乳酪熔化，熟后取出即可。

鳗鱼什锦拼盘

材料 鳗鱼200克，圣女果80克，牛舌150克，大虾50克。

调料 料酒、盐、日式烧汁、生抽、胡椒粉、白糖、蜂蜜、黄油、辣椒酱各适量。

做法

1. 鳗鱼、牛舌、大虾均洗净，切块，用料酒、盐、日式烧汁腌渍，分别用竹签串好。
2. 圣女果汆烫，去皮，用竹签串好。
3. 将鳗鱼、圣女果刷上蜂蜜，牛舌刷上黄油，大虾刷上辣椒酱。
4. 然后放到火上烤好，装盘即可。

蒜片烤大虾

材料 大虾400克，蒜头适量。

调料 盐4克，生抽8克，姜汁、料酒、胡椒粉各适量。

做法

1 大虾洗净，用生抽、姜汁、盐、料酒腌渍；蒜头去皮，切片。

2 将腌好的虾控干水分，放在铺好锡纸的烤盘上，放上蒜片，撒些胡椒粉。

3 预热烤箱至200℃，放入大虾，烤15分钟即可。

照烧鲭鱼

材料 鲭鱼500克。

调料 盐5克，酱油15克，料酒10克，姜汁、葱丝各适量，蒜头30克。

做法

1 鲭鱼剔除中骨，片成两片，背上打“十”字花刀，两面抹上盐，放入酱油、料酒、姜汁调成的酱汁中，腌渍片刻；蒜头切片。

2 烤箱预热至200℃，放入鲭鱼、蒜头、葱丝，烤10分钟，翻面涂酱汁，再烤10分钟。

培根芦笋卷

材料 培根150克，芦笋200克，胡萝卜少许。

调料 黑椒粉8克。

做法

1 培根洗净，切薄片；芦笋洗净，去皮，切成比培根稍长的段；胡萝卜洗净，切丝，放盘底。

2 用培根将芦笋卷起来，再用牙签固定，撒上黑椒粉，然后用锡纸将培根卷包起来，放入烤箱，用220℃的温度烤15分钟，揭开锡纸，再烤3分钟，装盘即可。

烤干明太鱼

材料 干明太鱼140克。

调料 盐2克，食用油13克，酱油6克，糖6克，辣椒酱57克，葱末4.5克，蒜泥2.8克，生姜汁5.5克，芝麻盐1克，胡椒粉0.1克，芝麻油13克。

做法

1. 干明太鱼去头、尾、鳍，泡在水里约10秒后捞出，用湿棉布包好放30秒左右，压着沥去水分后，去骨头与鱼刺。泡发的干明太鱼切成6厘米左右的段，为防止缩小，在皮上划约2厘米宽的刀痕。
2. 酱油、糖、辣椒酱、葱末、蒜泥、生姜汁、芝麻盐、胡椒粉、芝麻油混合，做成调味酱料。
3. 在铁支子上抹上食油后，放上干明太鱼，将铁支子放在离大火15厘米高的位置，正面微烤1分钟，再翻过来背面微烤1分钟左右。烤好的干明太鱼上均匀抹上调味酱料，将它放在离大火15厘米高的位置，正面烤2分钟，再翻过来背面烤1分钟左右，注意烤时别烤糊。

烤鱿鱼

材料 鱿鱼2条，酱油适量。

调料 大葱2棵，红辣椒酱、糖、蒜末、芝麻盐、芝麻油、红辣椒丝、黑胡椒各适量。

做法

1. 将鱿鱼洗净沥干，在其里层每隔2.5厘米以横向、纵向刻痕。将刻了痕的鱿鱼切成小块。
2. 将鱿鱼放在沸水中汆好后，沥干。
3. 用红辣椒酱、糖、蒜末、芝麻盐、芝麻油、红辣椒丝、黑胡椒、酱油制成调味酱，在鱿鱼块上刷调味酱，放在烤架上以中火烤熟。

桂蜜烤羊肋

材料 羊肋排200克，葱20克，姜40克。

调料 盐3克，酱油、冰糖、料酒、桂花蜜各适量。

做法

1. 葱、姜去皮，均洗净，切末备用。
2. 羊肋排洗净，放入锅中，加入葱、姜及酱油、冰糖、料酒、盐小火卤45分钟，捞出，排入烤盘，抹上桂花蜜酱，放入烤箱烤至金黄色即可。

炭烧带子

材料 冰冻鲜带子100克，面粉30克。

调料 柠檬汁10克，盐5克，白酒10克。

做法

1. 将带子洗净，用柠檬汁、盐、白酒腌制10分钟备用。
2. 腌制好的带子均匀铺上面粉。
3. 用木炭炉慢火将带子烧至熟，即可食用。

五彩牛肉串

材料 牛肉、风铃草根各120克，蕨菜根、胡萝卜各40克，干香菇5个。

调料 酱油、芝麻盐、葱丝、胡椒、葱末各适量。

做法

1. 牛肉洗净，切薄片。风铃草根、蕨菜根和干香菇均洗净，浸水一会，捞出切条；胡萝卜洗净，切成细条。
2. 将切好的材料放入盘中，加调味料拌匀。
3. 将以上原料按颜色交替串到肉签上，并将之放入煎锅中煎熟，即可。